GOTTWALDT · TRAMBAHN-ALBUM

# 400 Bilder deutscher Straßenbahnen 1930–1940

ALFRED B. GOTTWALDT

# TRAMBAHN ALBUM

MOTORBUCH VERLAG STUTTGART

Einband- und Schutzumschlaggestaltung: Siegfried Horn, unter Verwendung von sechs Abbildungen aus dem Archiv Grünwald/Krafft. Sie zeigen Szenen aus Halle, Dresden, Stuttgart, Frankfurt a. M., Leipzig und Berlin.

ISBN 3-613-01296-0

2. Auflage 1992

Ein Unternehmen der Paul Pietsch-Verlage GmbH & Co.

Druck: TC DRUCK Tübinger Chronik, 7400 Tübingen.
Bindung: Großbuchbinderei Heinrich Koch, 7400 Tübingen.
Printed in Germany.

# *Einleitung: Die Straßenbahnfotos von Friedrich Grünwald*

Mit der »Trambahn« oder der »Elektrischen«, in jeder Stadt mit einem eigenen Kosenamen bedacht, sind alle Leser dieses Buches schon unzählige Male gefahren: zumeist zur Schule und zur Arbeit, nicht selten zum Einkauf in die Stadtmitte und zum Antritt einer Fernreise vom Hauptbahnhof, oft auch zum Besuch von Ämtern und Freunden. Seit hundert Jahren gehört die Straßenbahn zum Bild unserer Städte, hat als Vorläufer die Pferdebahnen und als jüngere Nachkommen die Stadt- und die Untergrundbahnen. In den Jahren vor dem Zweiten Weltkrieg, als die rund vierhundert Aufnahmen in diesem Band entstanden sind, beförderten die deutschen Straßenbahnen täglich mehr als zweieinhalbmal so viele Personen wie die Reichsbahn. Im Alltag der Menschen wie im Auf und Ab der Geschichte war die Straßenbahn fast allgegenwärtig, brachte sie doch die Menge zum Betrachten eines Zeppelinaufstiegs und eines Fußballspiels ebenso herbei wie zum Aufmarsch bei den Massenkundgebungen der Zeit.

Der Rückblick in diesem Album ist also nicht nur Erinnerung an vergangene schöne Zeiten, als es noch die hölzernen Zweiachser mit den Lyrabügel-Stromabnehmern gab, und als auf den Wagen der Schaffner mit seinem »Galoppwechsler« die Fahrscheine ausgab. Soweit sich ein Album dazu überhaupt eignet, soll auch Rückschau gehalten werden auf die Härten der Arbeit bei Nacht und im Winterdienst, auf Unfälle und Leid bei der Straßenbahn. Wer wehmütig auf die hier versammelten Bilder der alten deutschen Städte vor ihrer Zerstörung in Kriegs- und Nachkriegszeit sieht, wird sich immer auch die Frage nach dem Warum dieser Ereignisse stellen und die Antwort wohl in der deutschen Politik jener Jahre finden. So ist auch Straßenbahngeschichte ein Teil der »großen Geschichte« unseres Jahrhunderts.

Wir verdanken diese Lichtbilder aus den Jahren zwischen 1928 und 1940 dem leidenschaftlichen dokumentarischen Wirken von Friedrich Grünwald (26. Juli 1906 bis 16. Juli 1947), der als Fachmann und großer Freund dieses Verkehrsmittels damals fast das gesamte Reich mit seinem Fotoapparat bereist und dabei mehr als tausend Negative im Format 6x9 cm angefertig hat. Und wir verdanken es seinem getreuen Freund Maximilian Krafft (16. April 1926 bis 17. Januar 1980) in Offenbach am Main, daß diese Bilder sorgsam gehütet wurden und auch einem größeren Kreis von Nahverkehrsfreunden zugänglich gemacht worden sind. Einzelne Aufnahmen mit der Quellenangabe »Foto Grünwald, Sammlung Krafft« haben immer wieder Aufsätze und Bücher zur Straßenbahngeschichte geschmückt und damit diesen beiden Namen unter Kennern zu einem hervorragenden Klang verholfen. Heute wird die Kollektion von Günter H. Köhler bewahrt und betreut

Friedrich Grünwald (1906–1947), Foto um 1930.

Das vorliegende Trambahn-Album bringt aus diesem großen Bestand von Grünwald-Fotos eine Auswahl der vierhundert prägnantesten und schönsten Bilder. Wichtig war, alle von ihm besuchten Betriebe wenigstens mit einer Abbildung aufzunehmen; Lücken sind dennoch geblieben, weil es 1928 im Deutschen Reich 229 Straßenbahnbetriebe (mit rund 32000 Fahrzeugen) gab, die er nicht alle aufgesucht hat. Dabei wurde nicht versucht, diese kleinen Fehlstellen durch Aufnahmen anderer Verkehrsfreunde aufzufüllen, um einen kompletten Bildatlas der deutschen Straßenbahnbetriebe zu erhalten, sondern es sollte bei der Beschränkung auf die persönliche Sichtweise dieses einen Fotografen, Friedrich Grünwald, bleiben.

Grünwald ist in Frankfurt am Main aufgewachsen. Soweit bekannt, hatte er noch zwei Brüder. Schon in der Knabenzeit keimte in ihm ein enormes Interesse am Verkehrswesen auf. Seine Notizen aus der Jugendzeit über Fahrradtouren in andere Städte mit ihren Bahnen und seine schriftlich niedergelegten Gedanken über die Reise zur Verkehrsausstellung in München 1925 erweisen ihn als einen sehr lebhaften, kritischen Kopf. Schon die große Eisenbahntechnische Ausstellung Berlin-Seddin 1924 hat Grünwald mit seinem ersten eigenen Fotoapparat besucht. Die heute noch erhaltenen Fotonegative lassen erkennen, daß Friedrich Grünwald in den ersten Jahren verständlicherweise sehr sparsam mit dem Material umgehen mußte. Die häuslichen Verhältnisse waren nicht allzu großzügig; so nahm der hochbegabte und hochsensible junge Mann für sein Hobby wohl einige Entbehrungen in Kauf. Es überrascht immerhin zu sehen, wie Grünwald, nachdem er zunächst die Straßenbahnwagen seiner Vaterstadt auf die Platte gebannt hatte, schon recht bald auch weitere Reisen unternahm: zur Straßenbahn-Ausstellung in Essen und zur Stadtbahn-Elektrifizierung in Berlin (beides 1928), zur letzten deutschen Pferdebahn in Zerbst (1929) und vieles andere mehr.

Sein Berufswunsch folgte aus dieser Vorgeschichte: Um das Jahr 1930 finden wir Friedrich Grünwald als Studenten des Maschinenbauwesens und der Elektrotechnik an der Technischen Hochschule in Darmstadt wieder. Bald war der strebsame junge Mann hier Assistent am Lehrstuhl für Eisenbahnwesen bei Professor Reuleaux und trat auch als Verfasser von wissenschaftlichen Aufsätzen über »Eisenbahnbetrieb mit Bahnhofstriebwagen« (Waggon- und Lokbau 1931, Seite 16) und über »Die Dreibegriff-Vorsignale der Deutschen Reichsbahn und die neuere Entwicklung der Streckensignale« (Zeitung des Vereins Mitteleuropäischer Eisenbahnverwaltungen 1935, Seite 242) hervor – beides selbstverständlich mit einer Fülle eigener Vorschläge gespickt.

An der Technischen Hochschule Darmstadt traf Friedrich Grünwald auch mit den eisenbahnbegeisterten Kommilitonen Erhard Born und Hermann Maey zusammen, die sich im »Verkehrs-Zentralamt der deutschen Studentenschaften« besonders darum bemühten, für ihre schlecht betuchten Studiengenossen günstige Reisemöglichkeiten mit der Reichsbahn und mit den Verkehrsbetrieben auszuhandeln. Das ging soweit, daß man in Darmstadt zwischen Sommer 1931 und Ostern 1932 sogar eine eigene Omnibuslinie namens »Studentibus« betrieb, weil die Direktion der Straßenbahn »Heag« den Studenten keine Fahrpreisermäßigung gewähren wollte. Die Durchführung von Exkursionen der Studenten gehörte ebenfalls dazu. Hier war Grünwald als Studentenvertreter sehr aktiv.

Ein »Studentibus« der Darmstädter Studentenschaft 1931.

Friedrich Grünwald an seinem Schreibtisch in Hannover 1936.

Auch ein großes Archiv mit Zeitschriften, Reiseführern und Landkarten unterhielt dieses »Verkehrszentralamt«. Wichtiger aus heutiger Sicht ist jedoch, daß Maey, Born und andere 1929 in diesem Darmstädter Büro schon das »Deutsche Lokomotivbild-Archiv« aus der Taufe gehoben hatten, das sich die systematische Sammlung von Typenbildern aller Eisenbahnfahrzeuge (mit Glasplatten-Negativen im Format 9x13 cm) zur Aufgabe gestellt hatte. In diesem Kreis, zu dem bekanntlich auch die Fotografen Carl Bellingrodt, Werner Hubert, Rudolf Kreutzer sowie weitere Mitarbeiter gehörten, mag Grünwald die Anregung verspürt haben, ähnliches für sich allein mit Bildern der deutschen Straßenbahnen zu versuchen.

Schon längst hatte er in Frankfurt am Main die Prüfung zum Straßenbahnfahrer abgelegt und dort auch manche Sonntags- und Ferienvertretungen gefahren. Mit diesem Rüstzeug begab er sich, gleichsam als Kollege, zu den vielen Bahnen im In- und Ausland. Grünwalds unbändige Reiselust, gepaart mit einer enormen Sprachbegabung, drückte sich selbst in solch kleinen Marotten aus wie dem Wunsch, jedes Neujahrsfest in einem anderen Land zu verbringen: England, Norwegen, Italien und die Schweiz hat er in jener Zeit des knappen Geldes und der Devisenbewirtschaftung bereist. Viele Bilder von Eisenbahnen und Bergbahnen, Brücken und anderen Verkehrsbauten, Flugzeugen und Schiffen sind bei diesen Gelegenheiten ebenfalls entstanden. Insofern gibt dieses Album nur einen bestimmten Ausschnitt aus seinem Schaffen wieder.

Um das Jahr 1936 hat Friedrich Grünwald die Hochschule in Darmstadt als Diplom-Ingenieur verlassen und bald darauf bei der »Üstra«, den Überlandbahnen und Straßenbahnen Hannover AG, eine passende Anstellung gefunden. Verkehrsunterricht, Personalschulung und Unfallverhütung haben ihn in Hannover besonders beschäftigt. Hier verdiente er sich die ersten Sporen im Straßenbahn-Betriebsdienst, hier verfaßte er eine Fülle kleiner und lebendiger Beiträge für das Nachrichtenblatt »Üstra«, und hier entstanden natürlich auch besonders viele seiner Straßenbahnfotografien.

Anders als die Männer des Deutschen Lokomotivbild-Archivs hat Grünwald die Gestaltung seiner Aufnahmen nicht strikt in »Typenbilder« und in »Zugaufnahmen mit Umgebung« unterteilt, vielmehr besonderen Wert auf die Darstellung der Fahrzeuge nebst Personal und Fahrgästen auf den Straßen und Plätzen der deutschen Städte gelegt. Das macht heute ihren ganz eigenen Reiz aus, denn so kommt in den Lichtbildern neben der Technikgeschichte auch die Alltagsgeschichte unseres Landes zu Wort: in der Kleidung der Passanten, in den Reklameschildern an Wagen und Hauswänden, in den Kiosken und Ladengeschäften, in den Pferdefuhrwerken und dem Kopfsteinpflaster auf den Straßen, schließlich auch in den Hakenkreuzfahnen auf Bildern aus den Jahren nach 1933.

Friedrich Grünwald waren, das soll hier nicht verschwiegen werden, die Ideen der braunen Partei nicht fremd. Als Verkehrsmann und Motorradfahrer wurde er bald Mitglied im NSKK, dem zur Förderung der deutschen Motorisierung gegründeten »Nationalsozialistischen Kraftfahrkorps«. Im Dienst trug er oft die Uniform dieser Organisation, betreute auch die entsprechenden Gruppen der »Hitlerjugend«. Auf den Bau der Autobahnen hat er eine lobende Hymne verfaßt. Nach dem sogenannten »Anschluß« wurden auch die Straßenbahnbetriebe in Österreich und im Sudetenland gern in seine Sammlung von Bildern und Dokumenten einbezogen. Als eine »Reichssammlergruppe Schienenverkehr« zur Organisation der damals noch nicht sehr zahlreichen Eisenbahn- und Nahverkehrsfreunde ins Leben gerufen wurde, übernahm er auch deren Leitung.

Wir wissen nicht, ob Grünwald jemals eingesehen hat, auf welchen Irrweg sich sein Land und er damals begeben hatten. Schon während seiner Zeit in Hannover ist Friedrich Grünwald schwer erkrankt. Eine Tuberkulose zwang ihn zu wiederholten Aufenthalten im Engadin, wo er sich übrigens mit Energie der Verkehrsgeschichte Graubündens zuwandte, und stand nach Kriegsbeginn auch seinem Dienst in der Wehrmacht entgegen.

1940 wechselte Grünwald zur Städtischen Straßenbahn in Offenbach am Main über und wurde dort zum Betriebsleiter bestellt. Es war die Zeit, als beispielsweise bei der Straßenbahn im nun wieder zum Reich gehörenden Posen die Triebwagen für deutsche, die Beiwagen aber für polnische Fahrgäste ausgeschildert waren, und als den Juden in Deutschland sogar die Benutzung der Straßenbahn verboten wurde – die Technikgeschichte und die Alltagsgeschichte sind auch hier unlösbar miteinander verbunden.

Als Betriebsleiter in Offenbach hat Friedrich Grünwald die ersten Verkehrseinschränkungen durch Strommangel, die Beschäftigung von Frauen und Jugendlichen aus HJ und NSKK im Straßenbahndienst anstelle der einberufenen Männer, die Beförderung von Kriegsverwundeten und von Fracht als Ersatzverkehr für Kraftwagen durchgeführt. Schließlich hat er auch die Zerstörung der Straßenbahn im Bombenhagel als Betriebsdirektor miterlebt; dann folgte der große »Zusammenbruch«, auch für diesen rastlosen und zugleich einsamen Mann Friedrich Grünwald. Am 16. Juli 1947 ist er in der Heilstätte Wasach bei Oberstdorf im Allgäu seinem Lungenleiden erlegen, die Urne wurde in

Frankfurt-Sachsenhausen beigesetzt.
Die Freunde Günter Stetza mit dem »Sammler-Brief«, dessen erstes Heft wenige Tage vor Grünwalds Ableben (und noch mit einigen kurzen Beiträgen aus seiner Feder) erschienen war, und Günther Magdeburg mit dem direkt so benannten »Verkehrsarchiv Grünwald« haben damals sein Erbe angetreten und die hinterlassenen Fotografien schließlich weitergegeben an Maximilian Krafft. Ihn verbanden aus seiner beruflichen Tätigkeit als Schaffner bei der Offenbacher Straßenbahn viele Dinge und Begegnungen mit Friedrich Grünwald, die ihn zum besten Pfleger dieser Bestände machten.
Über drei Jahrzehnte hat Krafft dieses Material gehütet, es um eigene Aufnahmen aus der Nachkriegszeit und späteren Jahren ergänzt, hat auch zahlreiche Verkehrsfreunde für ihre Sammlungen oder für Veröffentlichungen mit Abzügen daraus versorgt. Maximilian Krafft war ein begeisterter Straßenbahnhistoriker, der mit vielen Tauschpartnern in Korrespondenz stand und im Laufe der Zeit ebenfalls eine enorme Kollektion von Bildern und Dokumenten zur Verkehrsgeschichte zusammengetragen hatte.
Einer Anregung von Karl-Ernst Maedel folgend, den viele Leser als Verfasser wertvoller Eisenbahnliteratur kennen werden, begab sich Maximilian Krafft am Ende der siebziger Jahre daran, endlich ein ganzes Album mit den wichtigsten Trambahnfotos (und einigen Bildern von Oberleitungsbussen und Kraftomnibussen, die schon vor dem Krieg der Straßenbahn sehr zugesetzt haben) aus dem Nachlaß Friedrich Grünwalds für alle Freunde des Nahverkehrs herauszugeben. Kraffts früher Tod im Januar 1980 ließ diesen schönen Plan nicht mehr Wirklichkeit werden, sondern schob die Publikation der Grünwald-Aufnahmen nochmals um fast ein Jahrzehnt auf. Es ist dem Verständnis und der Energie von Frau Editha Krafft zu verdanken, daß das Werk dennoch vervollständigt werden konnte.
Das nun vorliegende Trambahn-Album läßt uns den Reisen Grünwalds durch das Deutsche Reich im Geist noch einmal folgen. Die Aufnahmen sind in geographischer Folge so angeordnet, daß der Weg des Betrachters vom Rheinland nach Süden bis Stuttgart und München geht, dann über Nürnberg und Frankfurt am Main die Städte Hessens und Niedersachsens erreicht, anschließend von der Waterkant durch die Mark Brandenburg bis Berlin sich fortsetzt, um sich endlich Mitteldeutschland mit Thüringen und Sachsen zuzuwenden. Den Abschluß bilden wenige Lichtbilder aus Schlesien, Stettin, Danzig und Königsberg – mehr hat Grünwald davon nicht aufgenommen – und einige seiner Trambahnfotos mit allgemeinen Themen.

Tuschezeichnung von Grünwald aus dem August 1944.

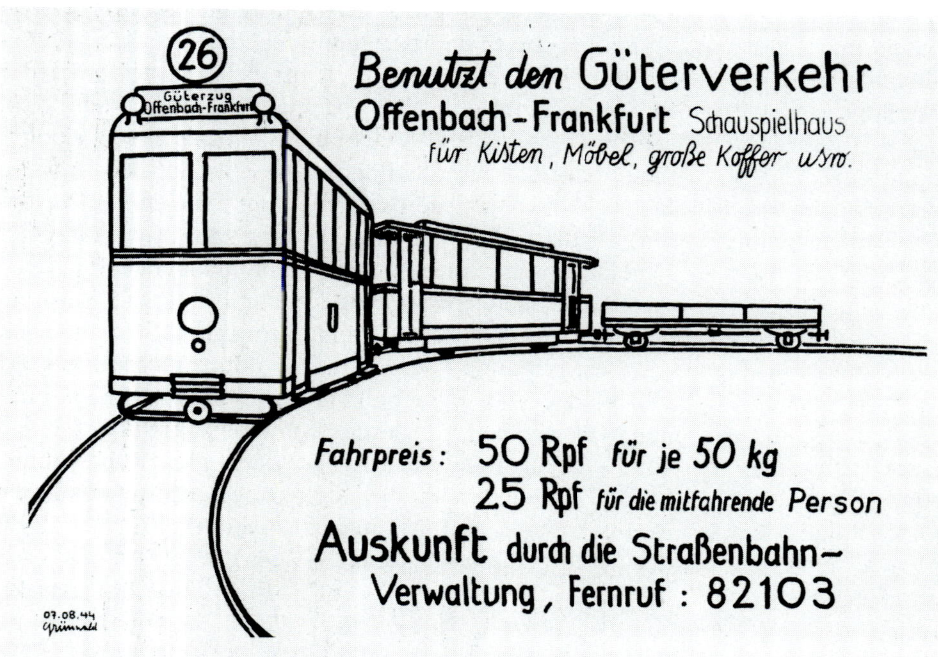


Ein NSKK-Mann als Aushilfsschaffner in Offenbach 1940.

Sonderfahrt der Offenbacher Straßenbahn für die Wehrmacht 1940.

Kriegseinsatz von Schaffnerinnen in Offenbach 1940.

Am Luisenplatz von Darmstadt im Mai 1949. Aufnahme von Maximilian Krafft.

Maximilian Krafft bei einer Sonderfahrt im Mai 1967.

Die Identifikation und Beschriftung der Bilder ist nicht immer leicht gewesen. Nur selten hat Friedrich Grünwald mehr als den Straßenbahnbetrieb selbst auf seinen Archivblättern notiert, kaum einmal hat er dabei das Jahr und den Tag der Aufnahme vermerkt. Erfreulicherweise ist heute eine so umfangreiche Literatur zur Geschichte des öffentlichen Personennahverkehrs vorhanden, daß die Aufgabe dieses Buches nicht in der eingehenden Darstellung der Geschichte eines jeden Betriebes zu bestehen brauchte.

Der sehr verständnisvollen Hilfe von Günter H. Köhler und Helmut Roggenkamp verdankt der Herausgeber dieser Blätter die Lösung mancher kniffliger Frage, die sich beim Betrachten der Bilder stellte. Auch Frau V. Wagner sowie die Herren W. Biedenkopf, E. Born, A. Glöckler, W. Goy, J. Hoppe, W. Illenseer, H.-D. Karl, H.-G. Kleine, H.-G. Köbler, W. Kramer, D. Lawrenz, M. Meinhold, H.-H. Meyer, W. Patzke, P. Pekny, P. Rösch, W. Schilling, R. Schipporeit, J. Schneider, Chr. Tietze und H. Völckel haben neben den Kollegen im Museum für Verkehr und Technik Berlin in vielfältiger Weise dazu beigetragen, daß das Album seine nun vorliegende endgültige Form gewann. Fotografische Arbeiten daran haben Brigitte Werner und Dietmar Katz im Labor durchgeführt, vielfältige Gedanken hat Jutta Franke beigesteuert. Ihnen allen haben der Herausgeber und die Leser zu danken, wenn sie nun mit Friedrich Grünwald in Bildern und Gedanken zu einer »Straßenbahnfahrt« durch die Zeit vor mehr als fünfzig Jahren starten.

*A.G.*

# *Zum Anfang: Die Straßenbahnausstellungen in Essen (1928) und Düsseldorf (1938)*

Am Anfang unseres Bilderbogens steht ein Besuch auf der Essener Straßenbahnausstellung von 1928, die dem Besucher und Fotografen der Zeit einen hervorragenden Überblick des damaligen Standes der Technik ermöglichte. Die Epoche der hölzernen Aufbauten war nun vorüber, doch wurden die meisten Wagen noch in schwerer Stahlprofilbauweise zusammengenietet. Der Triebwagen 968 von den Bahnen der Stadt Köln zeigte als neues Merkmal den Mitteleinstieg, war für »Fahrgastfluß« eingerichtet und besaß eine Vielfachsteuerung. Links der normalspurige Duisburger Wagen 168, dahinter ein Frankfurter »Pullman-Beiwagen« des Typs »f«, rechts der Krefelder Wagen 138.

Eine ausgesprochen moderne Konstruktion auf der Straßenbahnausstellung Essen 1928 war dieser meterspurige Halbzug Nr. 33/34 der Oberrheinischen Eisenbahn-Gesellschaft mit Mitteleinstieg, gebaut von der Heidelberger Waggonfabrik Fuchs für den Einsatz auf der neu elektrifizierten Strecke zwischen Mannheim und Heidelberg. 21 kurzgekuppelte Halbzüge aus Triebwagen und Steuerwagen hat die OEG damals beschafft. Er steht rechts neben dem Beiwagen Nr. 138 der Krefelder Straßenbahn.

Sozusagen am anderen zeitlichen Ende der Bildfolge in diesem Album steht die »Wagenschau« von Düsseldorf im November 1938. Leichtbau und Schweißkonstruktion waren jetzt die Wörter der Stunde. Die meterspurigen Fahrzeuge waren damals in der Hildener Straße von Benrath aufgestellt. Vorn Triebwagen 112 der Straßenbahnen im Saartal, dann Triebwagen 26 aus Gera, beides dreiachsige Wagen mit Buchli-Lenkgestell. Dahinter zwei ältere Triebwagen aus Essen mit neuer Zweiwagenzugsteuerung, nämlich die Triebwagen 741 und 712 aus den Baujahren 1912/1913, sodann der Essener Leichtbautriebwagen 505 mit Lenk- und Losrädern aus dem Baujahr 1932.

Energieeinsparung und die Verwendung einheimischer Baustoffe waren 1938 wichtige Forderungen an moderne Straßenbahnwagen. Am Schluß der Wagenschau Düsseldorf war in Benrath (außer Katalog) der meterspurige Aachener Triebwagen 23 zu sehen, der mit Stromrückgewinnung nach »System Cremer-Chape-Schings« ausgerüstet war. Dahinter ist der Drehgestelltriebwagen 116 der Rheinischen Bahngesellschaft Düsseldorf von 1936 aufgefahren.

Die regelspurigen Straßenbahnwagen der Düsseldorfer Wagenschau 1938 sind dem Fachpublikum auf dem Ausstellungsgelände am Rhein gezeigt worden, und so steht hier eine ganze Wagenparade im Novemberdunst. Der Triebwagen 711 kam von der Nürnberg-Fürther Straßenbahn, der folgende fabrikneue Triebwagen1083 von den Bahnen der Hansestadt Köln und war für die Vorortbahnen vorgesehen, der nächste Wagen 216 von der Großen Kasseler Straßenbahn, hierauf der neue Wagen 221 aus Hannover, dann der Umbauwagen 3035 aus Hamburg, schließlich Fahrzeuge aus Dresden, Bremen und Magdeburg.

Elektrische Oberleitungsbusse waren 1938 in Düsseldorf am Ratinger Tor ausgestellt. Damals spielten viele deutsche Straßenbahnbetriebe mit dem Gedanken, einzelne Linien oder ganze Netze auf den Obus umzustellen, und mehr als fünfzig Gesellschaften haben es zwischen 1930 und 1955 auch damit versucht. Dieser neue zweiachsige Wagen von MAN und Siemens war für Berlin vorgesehen, dahinter ein Wagen von Daimler-Benz und AEG für Hannover.

# *Kapitel 1: Straßenbahnen an Rhein und Ruhr*

*Köln – Bonn – Solingen – Remscheid – Wuppertal – Düsseldorf – Krefeld – Mettmann – Duisburg – Essen – Mülheim – Bochum – Schwerte – Dortmund – Paderborn*

In Köln am Rhein beginnt unsere Reise durch das Rheinland und Westfalen. Die Stadt ist dafür ein günstiger Ausgangspunkt, denn viele ihrer Straßenbahnlinien fuhren so weit »über Land« wie die beiden hier gezeigten Züge nach Opladen (Linie O) und Bergisch Gladbach (Linie G). Seit 1922 befand sich am Heumarkt die zentrale Vorortbahn-Endstelle für die »Bahnen der Stadt Köln«. Der modernisierte vierachsige Vorortbahnwagen 1052 links, 1906 gebaut, trug den Beinamen »Kegelbahn«; der schwere Mitteleinstiegs-Triebwagen 1067 rechts kam 1927 auf die Schienen.

Die zweiachsige Wagenbauart war auf den »weißen« Kölner Vorortlinien schon die Ausnahme, sonst benutzte man dort eher Drehgestellwagen. Dieser fünffenstrige Typ ist ab 1921 beschafft worden und lief vor langen Zügen aus Niederflur-Ganzstahlwagen mit Mitteleinstieg, die ursprünglich Einachsdrehgestelle besessen hatten. Fahrtziel ist hier wieder das »rechtsrheinische« Opladen. Die beiden Bilder sind 1939 entstanden.

Ein älteres Bild vom Heumarkt in Köln, wohl vom Ende der zwanziger Jahre, zeigt den Niederflur-Beiwagen aus der Nähe. Da sich die Einachsdrehgestelle nicht bewährten, hat man diese Fahrzeuge ab 1925 mit zwei normalen Drehgestellen ausgerüstet, so daß sie fortan gut liefen. Ein Blick auf die Platzrandbebauung in diesen drei Bildern zeigt, wie schon vor dem Kriege viele Altbauten der Spitzhacke weichen mußten.

Ebenfalls eine ältere Aufnahme und eine besondere Rarität aus Köln ist diese Fotografie des Straßenbahn-Sprengwagens Nr. 2002 bei seiner Rast am Hauptbahnhof. Solche Wagen zur Benetzung der staubigen Straßen im Sommer waren besonders dann üblich, wenn sich der Straßenbahnbetrieb in kommunalem Eigentum befand. Die Straßenbahnen der Stadt Köln verfügten 1928 über 469 Triebwagen, 572 Beiwagen, 24 elektrische Lokomotiven, 133 Güterwagen und 429 Spezialwagen. Die Schleifbügel waren so lang, weil man die Oberleitung mit Rücksicht auf die Festwagen der Kölner Rosenmontagszüge bis 7,50 m hoch über der Straße montiert hatte.

In Köln hat die Ära des elektrischen Straßenbahnbetriebs erst relativ spät, nämlich nach Streitigkeiten mit den Pferdebahngesellschaften, im Jahre 1901 begonnen. Während die Vorortlinien in Köln mit Buchstaben (ab 1933 nach den Anfangsbuchstaben der Zielorte) bezeichnet waren, unterschied man die städtischen Linien in der üblichen Weise nach Ziffern. Hier steht ein Zug der Linie 25 im Sommer 1939 vor dem Hauptbahnhof.

Der Hauptbahnhof links und der Dom rechts im Bild bestimmen den Ort dieser Aufnahme, die Luftschutzmarkierung weist auf ihre Zeit hin. Es ist die Unterführung der Trankgasse in Köln durch die Bahngleise im Sommer 1939. Der Triebwagen auf Linie 18 in Bildmitte macht die »Rundfahrt Dom-Opernhaus«, links daneben ein Zug der Linie 2, rechts ein Zug der Linie 10.

Zur Escher Straße am Schlachthof ist dieser Kölner Straßenbahnzug auf der Linie 20 in der Bahnhofstraße mit ihren kleinen Hotels unterwegs; die Zeigerampel sperrt den Verkehr für die Marzellenstraße. Übrigens begann man 1939 damit, die Wagen mit dem Schriftzug »Bahnen der Hansestadt Köln« zu bezeichnen, doch gab man diesen Namen bald nach dem Krieg wieder auf.

Zwei der ursprünglich für die »Ringbahn« gebauten modernen Triebwagen von 1928 (Nr. 955 und 956) sind hier als Linie 26 nach Mülheim auf dem Habsburgerring in Köln unterwegs; rechts auf der gegenüberliegenden Straßenseite stand das alte Opernhaus. Diese Zwillingswagen der Nummernreihe 915 bis 968 waren nur mit je einem Führerstand und Fernsteuerung für den zweiten Wagen, sogar mit zwischengekuppeltem Beiwagen, ausgerüstet. Der Mitteleinstieg sollte Fahrgastfluß ermöglichen, und der Schaffner konnte die Türen mittels Hebel und Seilzug sogar »fernbedienen«.

Stark vom Güterverkehr bestimmt war die Köln-Frechen-Benzelrather Eisenbahn, die seit 1904 der Stadt Köln gehörte. Ab 1914 liefen im Personenverkehr statt der bisherigen Schmalspur-Dampfzüge auf der teilweise neu angelegten, jetzt 11,5 km langen Linie F kräftige Überlandstraßenbahnwagen. Sie führten auch geschlossene Waggons für Post, Gepäck und Stückgut mit, wie diese Aufnahme des Wagens 1281 vor den Wagen 5324, 1254 und 1255 an der Kölner Endhaltestelle in der Flandrischen Straße beim Hohenzollernring zeigt.

Obwohl sie schon seit 1908 als Hauptbahn klassifiziert war, sollen uns auf dieser Doppelseite ein wenig auch die Köln-Bonner Eisenbahnen beschäftigen, denn auch sie bedienten einen gewissen städtischen Verkehr. Ihre am 11. Januar 1906 eröffnete Rheinuferbahn mit den schweren elektrischen Überlandwagen benutzte nämlich in den beiden Städten auch Gleise der Straßenbahnen mit. Hier ein Blick auf die Endstation an der Trankgasse unter der Hohenzollernbrücke in Köln mit dem abfahrbereiten »Personenzug« nach Bonn; vorn der 1905 bei van der Zypen gebaute Wagen 501.

Die Köln-Bonner Eisenbahnen besaßen einen modernen Fahrzeugpark. Wir sehen einige abgestellte Fahrzeuge hinter der Hohenzollernbrücke, und zwar im Vordergrund den Doppelwagen 30/31 mit Gepäckabteil, der 1936 bei Westwaggon gebaut worden ist. Im Hintergrund die Türme der Kirche Groß St. Martin.

In Bonn baute die Bahngesellschaft, deren Eigentümer die Städte und Landkreise Köln und Bonn sind, im Jahre 1935 ein neues Bahnhofsgebäude für die Vorgebirgs- und die Rheinuferbahn, das oben zu sehen ist. Ein Personenzug der Vorgebirgsbahn aus Köln ist gerade eingefahren, und die Reisenden verlaufen sich. Der gesteuerte Triebwagen 508 am Zugschluß hat bereits ein wartungsfreundliches Flachdach erhalten; diese Wagen der Reihe 501 bis 521 führten zwei Wagenklassen. Links wartet ein Zug der Rheinuferbahn auf seine Abfahrtszeit.

Nun ein direkter Blick auf den Bahnsteig der KBE in Bonn-Rheinuferbahnhof. Rechts und in der Bildmitte wieder »Personenzüge«, ganz links aber eine als »Schnellzug« laufende Garnitur. Zugzielschilder brauchte die Bahn hier nicht, denn die beiden Zielorte waren mit Pfeilen einfach auflakkiert. 1938 beförderte die Bahn täglich 19000 Fahrgäste, im ganzen Jahr waren das 6,8 Millionen Menschen.

In Bonn, das wir sozusagen mit den Zügen der KBE erreicht haben, bestand über lange Zeit die eigentümliche Situation, daß die Stadt der Eigentümer und Betreiber von zwei Straßenbahnunternehmen war. Die »Bahnen der Stadt Bonn« hatten bei der Elektrifizierung der alten Pferdebahn 1906 auch gleich den Oberbau von Meterspur auf Regelspur umgestellt. Ihr Triebwagen 32 auf der Linie 3 nach Endenich ist 1906 angeschafft worden, dahinter steht ein Triebwagen auf der Linie 2 nach Dottendorf in der Haltestelle Hauptbahnhof.

Während links in diesem Bild aus der Bonner Bahnhofstraße der Triebwagen 19 von den Straßenbahnen der Stadt Bonn auf der Linie 1 von Rheindorf zum Venusberg seine Fahrgäste erwartet, steht vor ihm ein Züglein der »Straßenbahn Bonn–Bad Godesberg–Mehlem« mit einem ihrer typischen Niederflur-Beiwagen (Nr. 47) zur Abfahrt bereit. Diese 10,9 km lange Bahn gehörte seit 1904 der Stadt Bonn und war ab 1911 umgespurt und elektrifiziert worden. In den dreißiger Jahren waren 12 Triebwagen und 17 Beiwagen vorhanden.

Schließlich konnte man in Bonn noch mit der als Kleinbahn konzessionierten »Siebengebirgsbahn« nach Königswinter und Bad Honnef fahren, ein Zug der »Bahnen der Kreise Bonn-Stadt, Bonn-Land und des Siegkreises«, wie es auch am Wagen angeschrieben war. Ihre Bonner Endstation lag in der Meckenheimer Straße nahe dem Rheinuferbahnhof der KBE, wo die Aufnahme entstanden ist. Eine weitere Strecke dieser Bahn führte nach Siegburg. Die schweren Überlandtriebwagen der Reihe11 bis 22 haben van der Zypen und Uerdingen 1910 mit Elektrik von Siemens gebaut.

DORTMUNDER UNION-BIER
Union Pils
AM SCHLAG
STADT. STRASSENBAHNEN SOLINGEN
323
NSDAP

Jmmigrath
Langenfeld
Opladen
7

*Bild linke Seite oben:*
Mit diesem Bild aus Solingen beginnt die Betrachtung der rechtsrheinischen Bahnen. Erst 1929 sind die Städtischen Straßenbahnen Solingen durch Vereinigung der früheren Stadt- und Kreisbahnen entstanden. Die Aufnahme zeigt den Triebwagen 323 auf der Linie 2 nach Ohligs am »Schlagbaum« in der Düsseldorfer Straße, nicht weit vom Solinger Nordbahnhof entfernt. Rechts an der Wand sind die Schilder eines NSDAP-Ortsgruppenbüros zu erkennen.

*Bild linke Seite unten:*
Eine dunstige Szene mit dem Triebwagen 7 der »Bahnen im unteren Kreise Solingen« an der Endstation in Ohligs am Kelderplatz beim Bahnhof gibt dieses Bild wieder. Die Fahrstrecke führte ihn von Opladen über Langenfeld und Immigrath herbei. Seine Route war auch als »Straßenbahn Opladen–Ohligs–Höhscheid« bekannt, und in Höhscheid bestand Anschluß an die Solinger Straßenbahn.

*Bild unten:*
Die Straßenbahn der Stadt Remscheid betrieb nach dem Ersten Weltkrieg die örtliche Tram und auch eine elektrifizierte nebenbahnähnliche Kleinbahn von Lennep nach Wermelskirchen Burg an der Wupper und Krähenhöhe bei Solingen, die ursprünglich eine Dampfbahn gewesen war. An der Station »Talsperre« war 1928 ein besonderer Sonntagsverkehr durch das Eschbachtal zu beobachten, nämlich links der vierachsige Triebwagen 10 (Baujahr 1908, Umbau 1918) nebst zwei Beiwagen zum Strandbad Burg und rechts der Triebwagen 29 (Baujahr 1925) zum Remscheider Stadtpark.

Die 1929 durch den Zusammenschluß der Ortschaften Barmen, Cronenberg, Elberfeld, Ronsdorf und Vohwinkel gebildete Stadt Wuppertal bot bis in die fünfziger Jahre im Nahverkehr die Straßenbahnen in Normal- und Meterspur, eine meterspurige Zahnradbahn, die berühmte Schwebebahn sowie Obus und Autobus. Als besonders verkehrsreich galt die »Straßenbahn Barmen–Elberfeld«, deren einzige 11,7 km lange Betriebslinie von Sonnborn über Elberfeld und Barmen bis zum Depot Schwarzbach im Flußtal parallel zur fünf Jahre später gebauten Schwebebahn fuhr. Der Triebwagen 74 auf der »Talbahnlinie 1« nach Sonnborn nimmt am Alten Markt in Barmen Fahrgäste auf.

Nach 65 Bogenfenster-Triebwagen, mit der 1896 die regelspurige Straßenbahn Barmen–Elberfeld eröffnet worden war, beschaffte man ab 1909 die Triebwagen 67 bis 91 bei Falkenried und Siemens, die auf den Bildern zu sehen sind. Durch den Einbau neuer MAN-Fahrgestelle ab 1925 wirkten sie mit ihren drei Trittstufen etwas hochbeinig. Die Aufnahme (um 1939) zeigt den Triebwagen 88 mit einem älteren Beiwagen auf der Linie11 am Neuen Weg in Barmen. Die Linie 11 folgte von der Weiherstraße in Oberbarmen weitgehend der »Talbahn« und bog in Elberfeld auf die 1926 neu hinzugekommene Zweigstrecke zum »Gabelpunkt« ab.

Die »Bergische Kleinbahn« besaß ab 1897 neben einigen innerstädtischen Strecken in Elberfeld mehrere lange Überlandlinien im Norden von Wuppertal, die sämtlich in Meterspur ausgeführt waren. Schon in den dreißiger Jahren wurden diese Kleinbahn und die Straßenbahn Barmen–Elberfeld von den aus der Barmer Straßenbahn hervorgegangenen »Wuppertaler Bahnen« mitverwaltet, doch förmlich sind die einzelnen Betriebe erst 1940 vereinigt worden. Der Triebwagen 153 der Kleinbahn gehörte zur 1925/1926 bei MAN und Siemens gebauten Serie von 151 bis 160 mit cremefarbigem Anstrich und dunkelgrauer Schrift und steht hier in Essen-Werden zur Abfahrt bereit.

Seit 1914 betrieb die Bergische Kleinbahn die Bahnen der Stadt Elberfeld. Auch ihr meterspuriger Zweiachs-Triebwagen 98 ist mit zwei Schleifbügeln ausgerüstet, um im Überlandverkehr aushelfen zu können. Hier ist er um 1939 auf dem Wall in Elberfeld als Zug der Linie 5 zu sehen, die zeitweise zwischen der Weststraße in Steinbeck und dem Vorort Üllendahl über Neumarkt und Kohlstraße verkehrte. Der Wagen kam als Teil der Serie 92 bis 101 im Jahre 1920 von MAN und Siemens an die Wupper.

In Barmen wurde eine erste elektrische Straßenbahn mit Regelspurgleisen von der Stadt bereits 1894 gebaut. Im gleichen Jahr baute die mit der Straßenbahn unter gemeinsamer technischer Leitung stehende Barmer Bergbahn eine meterspurige Zahnradbahn zum Ausflugsziel Toelleturm. 1907 übernahm die Bergbahn auch die Betriebsführung der Straßenbahn, und 1923 verlängerte die Barmer Straßenbahn ihre 1912 eröffnete Linie von Wupperfeld zum Forsthaus darüber hinaus um einen Kilometer ebenfalls bis zum Toelleturm und führte sie als Linie 4 im Tal zum Ausgangspunkt Wichlinghauser Markt. Später ging das Eigentum, wie die Beschriftung des Wagens 3 an der Haltestelle beim Toelleturm zeigt, von Barmen auf die Stadt Wuppertal über.

Die 1,63 km lange Wuppertaler Zahnradstraßenbahn zwischen dem im Tal gelegenen »Bergbahnhof« in Barmen und dem Ausflugsgebiet am Toelleturm wurde 1894 eröffnet und ist bis 1959 im Betrieb gewesen; nur in Stuttgart gab es noch eine ähnliche Zahnradbahn. In einer Viertelstunde kletterte man mit ihr zum Barmer Wald zu dem Turm »mit dem besten Überblick über das Wuppertal« empor, wie es damals in Baedekers Reiseführer hieß. Der Blick in die lichte Halle am Toelleturm zeigt rechts einen zur Talfahrt nach »Barmen Stadtmitte« bereiten Zahnradbahnzug, links hinten einen meterspurigen Straßenbahnzug der Bergbahn nach Remscheid.

Bergbahnhof
3

Auskunft
8

*Bild linke Seite oben:*
Am Bergbahnhof Toelleturm begann, wie gesagt, die Route der meterspurigen Linie 16 über Lichtscheid, Ronsdorf, Halbach und Clarenbach zur Schönen Aussicht vor Remscheid, wo ein Anschluß an die Remscheider Straßenbahn bestand. Ein Zug dieser Linie 16 der Wuppertaler Bergbahn nach Remscheid, bestehend aus dem Triebwagen 23 und dem Beiwagen 50, ist rechts neben dem Zahnradbahnzug nach Barmen zu sehen. Es ist die gleiche Situation wie im Bild zuvor, aber von der Straße her gesehen; aufgenommen um 1939.

*Bild linke Seite unten:*
Die Gleisseite des im Tal gelegenen »Bergbahnhofs« der Wuppertaler Zahnrad-Bergbahn Am Clef in Barmen mit einem abfahrbereiten Zug zum Toelleturm links, dessen Zielschild den Namen der Orte an Anschlußstrekken »Lichtscheid, Friedenshain, Wuppertal-Cronenberg, Solingen« trägt. Den Fahrkartenverkauf besorgte man auch hier im Wagen.

*Bild unten:*
Die meterspurige Straßenbahnstrecke der Wuppertaler Bergbahn nach Solingen, nun um 1939 die Linie 10 genannt, war 1909 durch Übernahme der früheren Straßenbahn Elberfeld-Cronenberg-Remscheid und der Solinger Kreisbahn in den Einflußbereich der damaligen Barmer Bergbahn gelangt. Auf den steilen Strecken mit bis zu 8 Prozent Steigung und ihren zahlreichen Kehren haben sich schwere Straßenbahnunfälle zugetragen. Der Triebwagen 81 wurde 1914 von Weyer und Siemens geliefert. Aufnahme in der Jägerhofstraße nahe der Haltestelle Friedenshain in der Elberfelder Südstadt.

Und schließlich war in Wuppertal noch die legendäre Schwebebahn zu besichtigen, die seit 1901 die einstmals selbständigen Städte Elberfeld und Barmen miteinander verbindet. Das war keine Straßenbahn, nein, sondern eine Sensation, so recht der Ausdruck einer neuen Zeit. Für den Döppersberger Bahnhof in Elberfeld wurde schon 1926 ein Neubau erforderlich, weil der Verkehr auf der Schwebebahn stetig zunahm; sein Jugendstil-Vorgänger wurde abgerissen. 1925 fertigte man hier acht Millionen Fahrgäste ab.

Die 13,3 km lange Strecke zwischen Vohwinkel und Rittershausen mit 18 Stationen wurde in 40 Minuten durchfahren; die erstmals ganz in Stahl ausgeführten Waggons boten sogar zwei Wagenklassen. Ihr Quietschen und Kreischen, das leichte Ausschwingen in den Kurven, all das machte dem Neuling erst einmal Angst, reizte aber auch immer wieder zum Besuch. Else Lasker-Schüler, Kasimir Edschmid und Joachim Ringelnatz haben die Schwebebahn besungen, mochte die Wupper unter dem Zuge auch noch so verfärbt und stinkend sein.

Bei Betrachtung der Straßenbahnen von Düsseldorf stehen die legendären Überlandlinien im Vordergrund. Am Graf-Adolf-Platz nahmen die Fernlinien K nach Krefeld und D nach Duisburg ihren Anfang, außerdem die Fernlinie M nach Uerdingen und Moers. Der Vierachser 1008 (links) ist 1925 nach dem Muster seiner Vorgänger von 1912 bei Weyer für die Rheinbahn entstanden, den Triebwagen 14 (rechts) hat Schöndorff 1926 für die Düsseldorf-Duisburger Kleinbahn erbaut. Er trägt bereits die Aufschrift der Duisburger Straßenbahn, zu deren Bestand er ab 1938 gehörte.

Die 1898 eröffnete Kleinbahn von Krefeld nach Düsseldorf wird als die erste deutsche Schnellstraßenbahn bezeichnet. Diese 22 km lange Stammstrecke der Rheinischen Bahngesellschaft lag zumeist auf besonderem Bahnkörper und wurde ab 1912 von den schweren luftgebremsten Mitteleinstiegs-Vierachsern befahren. Ihre elektrische Ausrüstung erlaubte bis zu 75 km/h Geschwindigkeit. Beim Unterwegshalt in Meererbusch kam dieses Bild des Beiwagens 1080 mit seinen typischen Bogenfenstern zustande. Vier Wagen dieser Serie besaßen ein Speiseabteil, eine für Straßenbahnen sehr seltene Einrichtung.

Wenigstens mit einem Bild soll hier die meterspurige Straßenbahn von Krefeld erwähnt werden, deren Fahrzeugpark sich seit Aufnahme des elektrischen Betriebs im Jahre 1900 stets durch Eigenart auszeichnete. Die Wagenserie 260 bis 289 mit den sechs Seitenfenstern, von denen die schmalen herablaßbar waren, wurde 1923/1924 von Schöndorff und der AEG gebaut; bemerkenswert die verglaste Beschilderung zwischen den Stirnscheinwerfern. Die Linie 12 fuhr bis Moers und über Homberg sogar nach Ruhrort zum Friedrichsplatz, wo Straßenbahnlinien nach Duisburg, Hamborn und Meiderich anschlossen.

Ein Bild vom Obus der Kreis Mettmanner Straßenbahn steht hier nicht ohne Grund, hofften doch in den dreißiger Jahren zahlreiche kleinere Straßenbahnbetriebe, mit einem solchen Wunderding aus der Klemme zu kommen, in der sie sich mit zu alten Schienenfahrzeugen in den zu engen Straßen häufig fühlten. Die Linie zwischen Mettmann und Gruiten bei Düsseldorf wurde am 26. August 1930 eröffnet und war die erste moderne deutsche Obusstrecke, ausgerüstet von der AEG. Über fünfzig andere Bahnen folgten diesem Vorbild; die Linie in Mettmann wurde Ende 1954 aufgegeben.

In mehreren großen Serien ist der typische Düsseldorfer Zweiachs-Triebwagen von 1909 bis 1913 und von 1919 bis 1926 bei der einheimischen Waggonfabrik Weyer gebaut worden. Auffallend waren die für Einstieg und Ausstieg getrennten beiden Türen und die lichte Verglasung. Ab 1924 hatte man Lyrabügel statt der Stange montiert. Das Bild zeigt den Einsatz auf der Linie 6 mit der Streckenangabe Oberbilk, Rathaus, Zoo, Volksgarten im Fenster.

Im Jahre 1911 hatte die Stadt Düsseldorf die meterspurige Straßenbahnstrecke von Düsseldorf über Benrath nach Ohligs erworben. Die Betriebsführung gab sie der Rheinbahn, und noch im Ersten Weltkrieg wurde der Abschnitt von Oberbilk bis Benrath auf Regelspur umgestellt. Der Düsseldorfer Triebwagen 510 steht abfahrbereit draußen vor dem »Benrather Hof«; die Linie 20 fuhr zur »Schlageterstadt« am Nordfriedhof, wo ab 1935 in der Golzheimer Heide eine Gedenkstätte für diesen Helden der Nationalsozialisten errichtet worden war.

Als nebenbahnähnliche Kleinbahn war die Straßenbahnlinie O der Rheinbahn von Benrath über Hilden nach Ohligs konzessioniert, die den nicht umgespurten Rest der 1911 von der Bergischen Kleinbahn übernommenen Bahn darstellte. Ihr meterspuriger Triebwagen 106 steht mit dem Zielschild »Benrath (Anschluß nach Düsseldorf)« in Ohligs zur Abfahrt bereit. Am Bahnhof Ohligs konnte man in die Solinger Linien 1 und 2 umsteigen oder mit der auf Seite 26 gezeigten Straßenbahn nach Opladen weiterfahren; Gleisverbindungen zwischen den einzelnen Bahnen waren aber nicht eingerichtet.

Umleitung
62
Ringlinie
Ruhrort-Meiderich
62

Durch zwei Eingemeindungen in den Jahren 1905 und 1929 gab es in Duisburg die Düsseldorf-Duisburger Kleinbahn und die Duisburger Straßenbahnen, beide regelspurig, sowie die Kreis Ruhrorter Straßenbahn und die Hamborner Straßenbahn, beide meterspurig. 1941 wurden sie zur Duisburger Verkehrsgesellschaft zusammengeschlossen. Erst im April 1965 waren die letzten Meterspurstrecken auf Normalspur umgebaut oder durch Omnibuslinien ersetzt. Die Triebwagen 62 und 90 der Kreis Ruhrorter Straßenbahn-AG sind auf der »Ringlinie Ruhrort–Meiderich« im Einsatz und warten am Friedrichsplatz auf neue Fahrgäste; etwa 250 Meter hinter dem Fotografen liegt der Bahnhof Ruhrort. Der Wagen 62 von 1908 hat im Jahre 1936 einen Umbau mit Verlängerung von Fahrgestell und Kasten durchlaufen und ist soeben in den Betrieb zurückgekehrt, der Wagen 90 stammt von 1912.

Neben ihrer Hauptstrecke in Nordsüd-Richtung besaß die 1910 eröffnete regelspurige Düsseldorf-Duisburger Kleinbahn auch eine ab 1912 erbaute Zweigstrecke nach Wanheim und Hüttenheim. Die Züge auf dieser Linie 8, die bereits seit 1913 von den Duisburger Straßenbahnen betrieben wurde, fuhren ab Kulturstraße auf der Stammstrecke bis zum Duisburger Hauptbahnhof durch. Der Triebwagen 9, hier an der Ausweichstelle in der langen Kulturstraße abgelichtet, gehört zur Erstausrüstung der Kleinbahn von 1899 und ist um 1924 grundlegend modernisiert worden. Hinter der Mauer liegt der Rangierbahnhof Duisburg-Hochfeld Süd.

Der 1933 fertiggestellte neue Hauptbahnhof von Duisburg zählt zu den bedeutendsten architektonischen Schöpfungen der alten Reichsbahn in Westdeutschland. Der Triebwagen Nr. 8 (Baujahr 1899, Umbau 1924/1927) der ehemaligen Düsseldorf-Duisburger Kleinbahn, im Einsatz auf der Linie 8 von Hüttenheim, hat soeben seine Fahrgäste in der Tunnel-Endstation am Hauptbahnhof aussteigen lassen und fährt nun hoch zur zweigleisigen Wendeschleife an der Güntherstraße.

In riesenhaft-moderner Weise hat man 1932/1933 auch den Duisburger Bahnhofsvorplatz umgestaltet und dabei die Straßenbahngleise sowie die Trasse für eine geplante vierspurige Straße unter die Erde gelegt. Oben konnten dann die Fahrgäste unter einem weit vorgezogenen Glasdach trokkenen Fußes die große Schalterhalle erreichen. Ein Zug der regelspurigen Duisburger Straßenbahnen ist soeben in den nagelneuen Tunnel eingefahren; diese Linie 1 verkehrte von hier nach Ruhrort, außerdem begann die Fernlinie D hier ihre Fahrt nach Düsseldorf. 1955 wurde diese Tunnel-Haltestelle zugunsten der Nordsüd-Stadtautobahn stillgelegt.

Die Essener Straßenbahnen standen von 1895 bis 1954 eigenartigerweise im Eigentum der »Süddeutschen Eisenbahn- Gesellschaft« in Darmstadt, zu deren Reich bekanntlich auch Trambahnen in Wiesbaden und fast ein Dutzend von Nebenbahnen gehörten. Im dicht besiedelten Revier fuhr die Essener Straßenbahn bis nach Gladbeck, Bottrop, Oberhausen, Mülheim (Ruhr) und Gelsenkirchen, wo man mit Nachbarbahnen weiterreisen konnte. Die Linie 13 kam von Steele zum Hauptbahnhof und rollte nach Segeroth.

Die Aufnahmen am Hauptbahnhof von Essen sind 1936/1937 entstanden. Dieser Blick aus der Bahnüberführung heraus zeigt die große Straßenbahnhaltestelle mit vier Bahnsteigen für etwa zwölf Linien von verschiedenen Betrieben, die hier Station machten. Links kommt ein Zug der Linie 2 von Bredeney nach Karnap heran, rechts rollt ein Zug der Linie 20 aus Oberhausen nach Rellinghausen weiter. Im Hintergrund das »Parkhotel«.

Blick in entgegengesetzter Richtung wie im Bild zuvor auf den 1897 fertiggestellten Essener Hauptbahnhof mit dem »Handelshof« im Hintergrund, davor nochmals zwei Straßenbahnzüge in der geräumigen Halteanlage. 1939 waren in Essen 342 Triebwagen und 179 Beiwagen vorhanden, worunter besonders die »langen Essener« Großraumwagen zu nennen sind. Seit 1977 stellt man sich in Essen auf Regelspur und Stadtbahnbetrieb um; heute verkehren am Hauptbahnhof alle Stadtbahnen unterirdisch.

Die meterspurige elektrische Straßenbahn der Stadt Mülheim an der Ruhr nahm 1897 ihren Betrieb auf, und bereits seit 1912 bestand über Heißen eine Gemeinschaftslinie mit Essen. Daher ist an der großen Straßenbahnhaltestelle vor dem Essener Hauptbahnhof auch der Mülheimer Triebwagen 208 auf der Linie 18 nach Raffelberg zu sehen, dahinter wartet ein Essener Triebwagen auf der Linie 20 nach Lipperheidebaum und zur Oberhauser Marktstraße. Seit Mai 1977 läuft zwischen Mülheim und Essen die normalspurige Stadtbahnlinie U 18.

Seit 1915 operierten im Raum von Recklinghausen, Herten, Wanne, Marl und Buer die meterspurigen Vestischen Kleinbahnen im Straßenbahn- und Güterverkehr mit rund zweihundert Wagen. 1921 begann ihr Gemeinschaftsverkehr mit den Betrieben von Bochum und Essen, bald mit weiteren. Der »Vestische« Ganzstahl-Triebwagen 312 (Uerdingen 1929) steht daher mit dem Essener Beiwagen 311 am Bahnsteig in Essen; er ist unterwegs auf der damaligen Linie 19 vom Alfredusbad über Essen Hauptbahnhof, Altenessen, Karnap, Horst und Gladbeck bis Rentfort. Bemerkenswert die Cola-Reklame.

Stelldichein der Trambahnen am Hauptbahnhof von Bochum um 1938. Links der Triebwagen 11 (Lindner 1908) von der kurzen, 1898 eröffneten Straßenbahn Herne – Recklinghausen, deren Betrieb schon vor der endgültigen Übernahme durch die »Vestische« im Oktober 1939 von diesem Unternehmen besorgt wurde, und rechts der Bochum-Gelsenkirchener Triebwagen 226 auf der Bochumer Linie 2 in Richtung Wattenscheid, Gelsenkirchen und Buer.

Eine weitere Szene am alten Bochumer Hauptbahnhof um 1936 stellt dieses Bild des Triebwagens 242 der Bochum-Gelsenkirchener Straßenbahn vor. Sie war in dieser Zeit durch die schrittweise Übernahme der Westfälischen Straßenbahn und der Hattinger Kreisbahn zu einem der größten deutschen Nahverkehrsunternehmen geworden. 1939 besaß die »Bogestra« mit fast 1800 Beschäftigten 266 Triebwagen, 131 Beiwagen sowie mehr als hundert weitere Wagen und fuhr auf 170 km Streckenlänge. Die Linie 6 kam vom Hauptbahnhof Wanne-Eickel heran.

Zwei Triebwagen (Nr. 72 und 202) auf der Einsatzlinie 8E der Bochum-Gelsenkirchener Straßenbahn unweit des Bochumer Hauptbahnhofes. Die Stammlinie 8 verband Herne und Hattingen miteinander, während diese beiden Wagen nach Hamme an der Strecke in Richtung Wanne-Eickel fahren sollten.

Auf dem Weg nach Dortmund mit seinem regelspurigen Straßenbahnnetz berühren wir die malerischen metersspurigen Anlagen der vormaligen »Kreis Hoerder Straßenbahn«. Diese 31,4 km lange Bahn im Süden von Dortmund ist durch die Dortmunder Straßenbahnen 1927 angekauft und teilweise umgespurt worden, kam aber 1954 um eine Stillegung nicht herum. Die Linie 16 fuhr von Schwerte, wo die Aufnahme an der Endstelle Markt entstand, bis zum Brückenplatz in Hörde.

Die drei Aufnahmen dieser Doppelseite sind vor der bekannten Baugruppe aus dem Hauptbahnhof und der Hauptpost von Dortmund entstanden, die früher auch viele Ansichtskarten zierte. Seit 1894 fuhr man in Dortmund elektrisch, seit 1906 in städtischer Regie, ab 1914 zusammen mit den gleichfalls regelspurigen Straßenbahnen des Kreises. Am Verkehrsturm mit dem Luftschutz-Bombensymbol ist einer von zehn der 1930 für die »Ringlinie O« beschafften Mitteleinstiegs-Zweiachser von Schöndorff und Siemens zu sehen.

Am Bahnhofsvorfeld von Dortmund abgestellt ist der vierachsige Triebwagen 7 aus der 1925 gebauten Serie 1 bis 10 von Uerdingen und Siemens, die für die zwischen 1923 und 1927 errichtete Schnellstraßenbahnlinie 5 von Mengede über Dortmund nach Hombruch beschafft worden war. Die 22 t schweren Wagen fuhren mit 1200 Volt Gleichspannung; sie boten 40 Sitzplätze und sogar ein Raucherabteil.

Den Dortmunder Alltagsbetrieb mit den dominierenden Uerdinger Zweiachsern verkörpert dieses Bild des Triebwagens 248 mit dem Beiwagen 592 vor dem 1910 fertiggestellten Hauptbahnhof. Er war auf der Linie 27 zum Hauptfriedhof eingesetzt. Als 1939 die Dortmunder Straßenbahnen mit den Wasserwerken und den Gaswerken zur »Dortmunder Stadtwerke AG« verschmolzen wurden, besaßen sie 245 Triebwagen und 223 Beiwagen.

Bis an die Externsteine im Teutoburger Wald und weiter nach Blomberg konnte man mit den meterspurigen Wagen der Linie 7 von der »Paderborner Elektrizitätswerke und Straßenbahn AG« fahren. Sie betrieb mit 79,5 km Streckenlänge wohl eines der größten deutschen Überlandstraßenbahnnetze, das bis Detmold reichte. 1936 wurde mit dem Bau einer neuen Straße auch die Bahnstrecke etwas von diesen Felsen entfernt verlegt, dazu stellte man den Abschnitt von Bad Meinberg bis Blomberg ganz ein, doch fuhr nun ein Pendelwagen von Horn auf der alten Trasse bis zu dem Naturdenkmal und Ausflugsziel heran. Der Triebwagen 31 gehörte zum ab 1921 beschafften neuen RWE-Typ mit Quersitzen.

# *Kapitel 2: Straßenbahnen im deutschen Süden und Westen*

*Neuwied – Koblenz – Bingen – Mainz – Idar-Oberstein – Kreuznach – Worms – Trier – Saarbrücken – Neunkirchen – Völklingen – Saarlautern – Pirmasens – Kaiserslautern – Landau – Mannheim – Ludwigshafen – Heidelberg – Walldorf – Karlsruhe – Baden-Baden – Freiburg – Straßburg – Pforzheim – Stuttgart – Heilbronn – Reutlingen – Ravensburg – Ulm*

Bei der Neuwieder Kreisbahn, die 1901 als »nebenbahnähnliche Kleinbahn mit straßenbahnähnlichen Fahrzeugen« eröffnet worden ist, bestanden ab 1926 nur noch zwei meterspurige Überlandstraßenbahn-Linien. Sie begannen an der Endstation Markt und Rheinufer, wo die Aufnahme etwa 1938 entstanden ist und noch geruhsame kleinstädtische Atmosphäre zeigt. Vorn Triebwagen 16 nach Engers an der Strecke nach Gladbach, dahinter Triebwagen 10 nach Oberbieber; 1909 und 1914 von MAN und BBC gebaut. 1950 gab man diese Bahn auf, die abgebildeten Triebwagen kamen mit anderen Fahrzeugen nach Aachen.

Auch die elektrische Koblenzer Straßenbahn war in 1000-mm-Spurweite angelegt; sie verkehrte von 1899 bis 1967 und führte weit in die Vororte und bis den Westerwald hinaus. Der Triebwagen 184 war auf der Linie 1 vom »Rhein« zum Schützenhof über den Hauptbahnhof eingesetzt, vor dessen Tor mit Blick in Richtung Emil-Schüller-Straße das Bild aufgenommen wurde. Dieser Wagen, von Weyer und der AEG 1914 geliefert, war bereits der letzte Neubau für Koblenz.

Auf der Langstrecke vom Koblenzer Hauptbahnhof nach Ehrenbreitstein, Vallendar und Sayn war der Triebwagen 81 eingesetzt, den Weyer und die Union 1902 gebaut haben; ebenfalls am Hauptbahnhof aufgenommen. Alle Koblenzer Wagen waren wegen der engen Kurven in den Altstadtstraßen mit sehr kurzen Zweiachsfahrgestellen ausgestattet, sie behielten ihre Rollenstromabnehmer bis zum Schluß.

Vor der Sektkellerei Scharlachberg begegnen sich hier zwei Triebwagen der »A.-G. Binger Nebenbahnen«, die 1905 in Hessen (Bingen) als Kleinbahn und in Preußen (Bingerbrück) als Straßenbahn konzessioniert worden war. Verschiedene Anschlußgleise für Güterwagen wurden von einer Ellok an der Strecke nach Büdesheim und Dietersheim bedient. Der Triebwagen 15 ist 1910 von Uerdingen und Siemens gebaut worden, der Triebwagen links stammt aus dem Eröffnungsjahr 1906. Die Türen auf der (von Bingen her gesehen) »rechten« Fahrzeugseite waren verblecht, weil alle Haltestellen auf der »linken« Seite lagen. Diese Bahn hat 1955 ihren Personenverkehr »verkraftet«, den Güterverkehr zwei Jahre darauf.

Seit 1904 verkehrt in Mainz eine städtische elektrische Straßenbahn, nachdem zuvor Pferdebahn und Dampfbahn den Anschluß der umgebenden Landgemeinden an die Gutenbergstadt besorgt hatten. Vor dem Bahnhof von Kastel wartet Triebwagen 28 aus der frühen Reihe 1 bis 40 von MAN und Siemens auf Fahrgäste. Die kleine innerstädtische Linie 4 kam noch 1937 mit den alten »Gartenhäuschen« aus, wie diese Wagen liebevoll genannt wurden.

Am Hauptbahnhof von Mainz rollt die Straßenbahn der Linie 7 von Kostheim nach Mombach an ihre Haltestelle. Der Triebwagen 86 gehört einer fünf Fahrzeuge umfassenden Lieferung von Gastell und Siemens aus dem Jahre 1927 an, auch der Beiwagen entstand bei der lokalen Waggonfabrik Gastell. Der Triebwagen trägt die 1935 an Stelle farbiger Schilder neu eingeführte Richtungsanzeige und die runde Nummernscheibe auf dem Dach. Als die Aufnahme 1937/1938 entstand, waren bei der Mainzer Straßenbahn 432 Menschen beschäftigt, davon 240 Fahrer und Schaffner.

Die kleine Straßenbahn von Idar-Oberstein verband die beiden Ortsteile mittels einer nur 3,8 km langen Strecke. Sie war 1900 eröffnet worden und wies sogar eine Spitzkehre auf. Ein 1932 eingeführter Oberleitungsbus von Idar nach Tiefenstein nahm teilweise den gleichen Weg durch die engen Straßen der Edelsteinschleiferstadt, wie ein Blick auf das Fahrdrahtgewirr in der Hauptstraße von Idar zeigt. Den Triebwagen 3 haben MAN und Siemens 1900 geliefert; 1956 wurde hier der Straßenbahnbetrieb eingestellt.

Schon im Dezember 1938 stillgelegt hat man die 1911 erbaute Kreuznacher Vorortstraßenbahn nach Langenlonsheim, weil sie angeblich einem geplanten Flugplatzbau im Wege war. Der meterspurige Triebwagen 22, von Linke-Hofmann und Siemens im Eröffnungsjahr geliefert, tat nach 1953 noch in Würzburg einige Jahre als Beiwagen Dienst. Die beiden übrigen Kreuznacher Straßenbahnlinien nach Bad Münster am Stein und nach St. Johann wurden nämlich Anfang 1953 durch Omnibusse ersetzt.

Aus der Erstausrüstung der Städtischen Straßenbahn in Worms von 1906 stammen die kleinen Triebwagen in diesen beiden Aufnahmen. Als Grundausstattung waren 19 Triebwagen und 6 Beiwagen von Falkenried und der AEG für die durchwegs eingleisigen Strecken nach Hochheim, Neuhausen und Pfiffligheim vorhanden. Diese »Kleinraumwagen« sah man ähnlich auch in Pirmasens, Landsberg, Schleswig, Meißen und Staßfurt. Die Plattformen sind nachträglich verglast worden. Mehr Triebwagen hat Worms nicht besessen. Beide Bilder zeigen den Marktplatz um 1939.

Auch in Worms hatte man, um preiswert bauen zu können, 1906 die Meterspur gewählt. Einmannbetrieb mit Zahlbox galt vom ersten Tag an. Am Marktplatz nahmen beide Linien nach Neuhausen und nach Hochheim ihren Anfang, während die Bahn nach Pfiffligheim vom Barbarossaplatz am Hafen herankam; Liniennummern kannte man in Worms nicht. 1956 fuhr in der Domstadt am Rhein die letzte Straßenbahn.

In der alten Römerstadt Trier trug man lange Zeit Bedenken gegen eine Straßenbahn mit Oberleitung. Erst 1905 löste hier die »Elektrische« die Pferdebahn ab und fuhr bis 1951, nachdem bereits 1940 mit ihrem Einsatz durch Obusse begonnen worden war. Vor der berühmten Porta Nigra rollt ein Triebwagen auf der Linie 3 vom Hauptbahnhof nach St. Matthias und St. Medard. Die Wagenreihe 31 bis 36 ist 1928 aus den Werkstätten bei van der Zypen und der AEG hervorgegangen.

In Trier waren 1937 im Fahrzeugbestand 35 Triebwagen und 10 Beiwagen vorhanden, die auf 11,8 km Streckenlänge mit vier Linien unterwegs waren. Den Hauptmarkt zeigt das Bild des Triebwagens 23, der zur Erstausrüstung der Bahn von Busch und Siemens mit den Wagen 1 bis 24 von 1905 zählte. Seine Plattformen wurden nachträglich verglast und »hängen« schon etwas herab. Er ist auf Linie 1 vom Hauptbahnhof nach Euren eingesetzt.

Bei der Gesellschaft für Straßenbahnen im Saartal wechselten in den dreißiger Jahren die Streckenführungen und Liniennummern recht häufig. Friedrich Grünwald hat das Saarland, das seit 1935 wieder zum Deutschen Reich gehörte, erst im Krieg um 1940 zu Aufnahmen besucht, wie die Luftschutzblenden auf den Scheinwerfern erkennen lassen. Der meterspurige Triebwagen 36 ist 1929 bei de Dietrich in Frankreich gebaut und mit dem Beiwagen 224 von der Riegelsberger Straßenbahn übernommen worden; typisch für Saarbrücken war der olivgrüne Doppelstreifen. Mit der Linie 20 konnte man im Gemeinschaftsverkehr mit Völklingen von Schafbrücke über Hauptbahnhof und Luisenthal nach Völklingen, Geislautern und Groß-Rosseln fahren. Im Hintergrund das Völklinger Rathaus.

Am Beginn des Krieges waren Teile des Saarbrükker Stadtgebietes evakuiert und sogar 53 Straßenbahnfahrzeuge in andere Städte verlagert worden. 1943 liefen in der Stadt 104 Triebwagen mit 66 Beiwagen. Bei dem bald darauf im Krieg zerstörten Wagen 112 für »Zwillingsbetrieb« handelt es sich um einen Lenkdreiachser nach System Buchli mit Öldruckbremse, gebaut 1936 von Credé und BBC mit einem Fahrgestell von Fuchs. Bemerkenswert sind wieder seine Cola-Reklamen. Die Linie 2 ist von Schafbrükke, wo das Bild aufgenommen ist, über Hauptbahnhof bis Luisenthal gefahren.

Die Neunkircher Straßenbahn fuhr in bergigem Gelände auf Regelspur und besaß am Anfang des Krieges 22 Triebwagen und fünf Beiwagen. Die Fenster des Wagens 10, der 1907 mit AEG-Elektrik aus den Hallen der Firma van der Zypen gerollt sein dürfte, sind 1940 mit Verdunklungsfarbe bestrichen. Linie 1 verkehrte von Steinwald und Scheib über Hauptbahnhof nach Wiebelskirchen und ist hier am Stummdenkmal aufgenommen worden. Als letzte Straßenbahn des Saarlandes wurde die Neunkircher Linie 2 im Juni 1978 stillgelegt.

In Völklingen fuhr zwischen 1909 und 1959 eine meterspurige Straßenbahn. Ihr Triebwagen 9 ist 1928 bei der französischen Waggonfabrik de Dietrich als eines von sechs Fahrzeugen für den Gemeinschaftsverkehr mit Saarbrücken hergestellt worden und entspricht einem auch dort verwendeten Typ. Für die Reise von Schafbrücke über Völklingen mit seinen Schloten bis Groß-Rosseln brauchte diese Straßenbahn 85 Minuten Fahrzeit. Das Bild zeigt die Haltestelle Poststraße in Völklingen.

Die »Kreisverkehrsbetriebe Saarlautern AG« besaßen im vormaligen Saarlouis, das im Januar 1936 umbenannt worden war, neben den Straßenbahnstrecken auch ein früher mit Dampf betriebenes Kleinbahnnetz. Die elektrische Bahn fuhr seit 1922 sogar bis ins französische Creutzwald mit seinen Gruben und bescherte den Fahrgästen eine Grenzkontrolle in Überherrn. 1961 wurde diese Strecke stillgelegt. Abfahrbereit steht ein solcher Zug der Linie 9 mit drei Beiwagen am kleinen Markt, damals »Platz der Deutschen Front« benannt, dahinter ein Straßenbahn-Triebwagen der Linie 10 nach Wallerfangen. Die Kleinbahn-Triebwagen 31 und 32 hat de Dietrich 1925 geliefert.

In Pirmasens konnte sich die Straßenbahn die Angabe von Liniennummern durchaus ersparen, denn man besaß dort nur die 2,4 km lange Strecke zwischen dem Hauptbahnhof und dem Krankenhaus in der Lemberger Straße. Die Bahn ist 1905 in Betrieb gegangen und hat 1943 ihre letzte Fahrt gemacht, nachdem seit 1941 in Pirmasens ein Obus verkehrte. Die sieben Triebwagen und zwei Sommerbeiwagen aus dem Eröffnungsjahr sind im Krieg auf andere Städte verteilt worden. Aufnahme des Triebwagens 3 am Krankenhaus um 1935. Erbauer des Wagens waren Fuchs und die AEG; er kam 1943 nach Ludwigshafen.

Die Straßenbahn in Kaiserslautern war nur 19 Jahre in Betrieb, und zwar von 1916 bis 1935. Das war die kürzeste Lebensdauer aller deutschen Unternehmungen. Schon die Eröffnung im Ersten Weltkrieg war ein Problem, dann machten enge Straßen im Stadtkern den Betrieb langsam, schließlich erschwerte ein Gürtel von Eisenbahngleisen den Ausbau des Netzes, so daß die Stadtverwaltung bald wieder aufgab. Der Triebwagen 11 auf Linie 2 vom Hauptbahnhof zum Nordbahnhof stammte von Falkenried 1907 und war 1926 aus Offenbach angekauft worden.

Vor dem schönen Zeitungskiosk am Hauptbahnhof von Landau in der Pfalz steht ein Zug der meterspurigen Pfälzer Oberlandbahn Neustadt – Landau, mit der man die Weinorte der Umgebung erfahren konnte. »Das Haltestellenverzeichnis liest sich wie eine Weinkarte«, sagt Dieter Höltge dazu. 1912 als Straßenbahn eröffnet, wurde sie 1933 zur nebenbahnähnlichen Kleinbahn umkonzessioniert und noch bis 1955 betrieben. Triebwagen 1 gehört zu den zehn Fahrzeugen von Herbrand und Siemens-Schuckert, die von Anfang an dabeigewesen sind.

Die elektrische Straßenbahn von Mannheim war mit der von Ludwigshafen bis 1974 in einem Betrieb eng verbunden, außerdem fuhren in dieser Region noch die Oberrheinische Eisenbahn-Gesellschaft und die Rhein-Haardtbahn im öffentlichen Nahverkehr. Die städtische Linie 11 verband vor dem Krieg auf der Ludwigshafener Seite den Ort Oggersheim über Ludwigsplatz und Pfalzbau mit Rheingönheim. Den Triebwagen 217 haben Fuchs und Siemens 1914 gebaut, er steht am Wendedreieck am »Schillerplatz« vor dem Rathaus in Oggersheim.

Im Herzen von Ludwigshafen, am »alten« Pfalzbau und dem heutigen Berliner Platz, standen bis 1933 sogar noch Flügelsignale der Vorderpfälzischen Lokalbahn der Deutschen Reichsbahn, die bis 1933 in der Stadt die meterspurigen Straßenbahngleise mitbenutzte. Leider hat der Fotograf dort keinen »Feurigen Elias« mit seiner pfälzischen Kastenlokomotive mehr erwischt.

Die Linie 16 befuhr das Mannheimer Netz von der Rheinau über den Hauptbahnhof, über das Schloß und den Paradeplatz nach Feudenheim. Hier verkehrte der 1932 versuchsweise aus den 1907 in Rastatt entstandenen Wagen 133 und 138 umgebaute Zwillingstriebwagen 401/402, eingerichtet für den »Fahrgastfluß« und einen Triebwagen ohne Schaffner. Aufnahme am Tattersall in Mannheim. Unter den Fenstern verläuft, wie bei den Bahnen im Südwesten vielfach üblich, ein Streifen von Teakholzlatten.

Die Oberrheinische Eisenbahn-Gesellschaft, ein 1911 gegründetes Unternehmen mit seinem Liniennetz im Städtedreieck von Mannheim, Weinheim und Heidelberg, baute auf älteren Bahnstrecken auf; Hauptaktionär war die Stadt Mannheim. Ab 1915 wurde die Linie A vom »Weinheimer Bahnhof« in Mannheim über Käfertal und Viernheim nach Weinheim elektrisch befahren, dazu beschaffte man bei der Waggonfabrik Fuchs diese vierachsigen Triebwagen mit Maximum-Drehgestellen. Im Hintergrund die Mannheimer Hauptfeuerwache.

OBERRHEINISCHE EISENBAHN-GESELLSCHAFT
253

Heidelberg
O.E.G. 39
Abfahrt
nach
Heidelberg

*Bild linke Seite oben:*
Ein Blick über den 1928 neugestalteten Mannheimer Endbahnhof der OEG für die Bahn nach Heidelberg an der Friedrichsbrücke (heute Kurpfalzbrücke) mit drei abgestellten Beiwagen, darunter zwei ehemaligen Dampfbahnwagen. Der Wagen 253 (rechts) kam 1906 von Gotha, der Wagen 172 kam 1890 von Herbrand. Der Zweiachser links entstammt der zwischen 1911 und 1915 von Fuchs gebauten Serie von 201 bis 227.

*Bild linke Seite unten:*
Seit 1927 lief ein großes Elektrifizierungsprogramm der OEG mit 1200 Volt Gleichstrom und Streckenausbau zwischen Mannheim und Heidelberg. Diese Linie B wurde ab Herbst 1929 von Schnell-, Eil- und Personenzügen durchgehend mit den typischen Halbzügen befahren, von denen man 1928 nicht weniger als 21 Paare aus Triebwagen und Steuerwagen bei Fuchs in Heidelberg gekauft hatte. Neben dem Halbzug 39/40 in Mannheim steht Hermann Maey, der Gründer des Deutschen Lokomotivbild-Archivs und Studienkollege Friedrich Grünwalds in Darmstadt.

*Bild unten:*
Zu den Besonderheiten der meterspurigen Heidelberger Straßenbahn zählte diese Kreuzung mit der Staatsbahn am alten Hauptbahnhof. Der weißblaue Triebwagen 21 befolgt das für die Straßenbahn aufgebaute Formsignal und hält an der Bahnschranke neben den Kraftwagen. Die Linie 3 hatte nur einen kurzen Weg vom Hauptbahnhof über die Rohrbacher Straße zum Friedhof; 1939 wurde sie eingestellt.

Noch einmal die OEG. Ihre Bahnlinie entlang der Bergstraße von Weinheim nach Handschuhsheim bei Heidelberg blieb vor dem Krieg ohne Fahrdraht und zeigte weiterhin dieses anheimelnde Bild einer alten Kastenlok mit offenem Güterwagen und dunklen Kleinbahnwagen, deren Gleise in den Ortsdurchfahrten in der Straße lagen.

Die meterspurige Straßenbahn der Stadt Walldorf stellte die Verbindung her zwischen dem Bahnhof Wiesloch-Walldorf an der Eisenbahn von Heidelberg nach Bruchsal und der Ortschaft Walldorf selbst. Die Pferdebahn von 1902 wurde 1907 auf elektrischen Betrieb umgestellt. Dieser Triebwagen 6 wurde 1923 von Fuchs und BBC nach dem Muster gleichzeitig gelieferter Mannheimer Wagen gebaut.

Die beiden um 1930 aufgenommenen Bilder des Bahnhofsvorplatzes Wiesloch-Walldorf zeigen im Hintergrund die 1907 angelegte Überbrückung der Staatsbahn, von der die Straßenbahnwagen aus Walldorf mittels einer Schleife direkt bis vor das Empfangsgebäude rollen konnten. Den Triebwagen 1 hatten Fuchs und Lahmeyer zur Eröffnung des elektrischen Betriebs 1907 geliefert.

In Wiesloch nahmen auch die Strecken der Badischen Lokal-Eisenbahnen nach Meckesheim und nach Waldangelloch ihren Ausgang, beide 1901 eröffnet. Auf dem 4,2 km langen Abschnitt vom Staatsbahnhof Wiesloch-Walldorf bis zur Wieslocher Oberstadt am Meckesheimer Streckenast fuhr man mit 550 Volt Gleichstrom. Weil die beiden dafür vorhandenen kleinen zweiachsigen elektrischen Triebwagen bei van der Zypen aus normalen Personenwagen entwickelt waren, hat Friedrich Grünwald sie aufgenommen.

Die drei Aufnahmen dieser Doppelseite aus Karlsruhe sind um 1936 auf dem Platz vor dem 1913 erbauten Hauptbahnhof angefertigt worden, den das große »Bahnhofhotel Reichshof« beherrschte. 1903 hatte die Stadt den Straßenbahnbetrieb von der AEG erworben und bis 1929 beständig ausgebaut. Hier sind die Linie 2 (mit Triebwagen 71) vom Schlachthof zum Rheinstrand und die Linie 3 (mit Triebwagen 30) über den Südring zu sehen.

Auch die Linie 7 vom Schlachthof nach Mühlburg (und ab 1932 nach Knielingen) berührte den Hauptbahnhof. Die fünffenstrigen Zweiachser mit Holzaufbau und Laternendach waren typisch für Karlsruhe; sie sind von den Waggonfabriken Fuchs, Rastatt, Lindner und Wismar zwischen 1913 und 1937 in 52 Exemplaren geliefert worden. Der Wagen 66 war von Rastatt und Siemens 1913 gebaut.

Der Schienenreinigungswagen 402 mit Reklame-Aufschrift ist ebenfalls am Hauptbahnhof von Karlsruhe aufgenommen worden. Die Aufschrift besagte, daß die deutschen Straßenbahnen 1935 mehr als doppelt soviele Fahrgäste beförderten wie die Deutsche Reichsbahn. Zum Zeitpunkt der Aufnahme (1936) verfügte die Städtische Straßenbahn Karlsruhe über 93 Triebwagen, die schon auf Scherenstromabnehmer umgerüstet waren, und über 101 Beiwagen.

An der Südwestseite des Karlsruher Hauptbahnhofs nahm die damals noch meterspurige Albtalbahn in Richtung Ettlingen, Herrenalb und Ittersbach ihren Ausgang. Seit 1911 fuhr man hier mit Einphasen-Wechselstrom von 8800 Volt und 25 Hertz. Dazu waren acht elektrische Triebwagen und vier Elektroloks vorhanden. An einem Wintertag ist dieses Bild des Kleinbahnzugs am Karlsruher Albtalbahnhof entstanden, wo heute die letzte vorhandene Meterspur Elok als Denkmal aufgestellt ist.

Die vierachsigen Triebwagen1 bis 8 der Albtalbahn wurden ebenso wie die Eloks 1 bis 4 in den Jahren 1910 bis 1912 von Herbrand und der AEG gebaut. Schwere Arbeiter- und Ausflugszüge wurden aber auch noch mit Dampfloks bespannt. Ab 1958 liefen auf der zur Regelspur umgebauten Albtalbahn in der Stadt Karlsruhe moderne Gelenktriebwagen in Straßenbahnbauart, die mittlerweile durch neue Stadtbahnwagen abgelöst sind.

Begegnung von zwei alten Wechselstrom-Triebwagenzügen der Albtalbahn auf Bahnhof Karlsruhe-Rüppurr im Sommer 1936. Hier fuhr der letzte Schmalspurzug im April 1958, aber erst 1964 endete auch weiter draußen zwischen Busenbach und Ittersbach der meterspurige Wechselstrombetrieb.

Zu den kleineren Betrieben im Südwesten Deutschlands zählte Baden-Baden mit 29 Triebwagen und 16 Beiwagen im Jahre 1937. Die meterspurige Tram in der Kurstadt fuhr von 1910 bis 1951. Seit 1929 besaß sie zwei Linien, von denen der Wagen 57 die »Tallinie« von Oberbeuren über Leopoldsplatz zum Bahnhof Baden-Oos zu befahren hatte. Die Triebwagen 53 bis 59 waren in der Waggonfabrik Rastatt mit AEG-Elektroausrüstung 1927 entstanden. Wagen 57, der um 1935 auch eine Reklame für die dortige Merkurbahn trägt, ist 1950 nach Ulm gelangt, wo er noch bis 1966 im Bestand war.

Von Haslach über den Hauptbahnhof nach Herdern, also auf einer heute stillgelegten Straßenbahnstrecke in Freiburg, war die »blaue« Linie 5 zum Zeitpunkt der Aufnahme um 1930 unterwegs. Typisch für viele badische Straßenbahnen war die Verkleidung der Fläche unterhalb der Fenster mit dunkelbraunen Holzlatten, wo andere Betriebe eher Reklame anbrachten. Wagen 33 gehörte zu einer Lieferung von zehn Lenkzweiachsern, die 1909 bei der MAN gefertigt worden waren, und wurde 1939 mit starrem Zweiachsfahrgestell versehen.

Auch die bei Freiburg gelegene Schauinslandbahn, eine Seilschwebebahn von Horben auf den Schauinsland am Rande des Schwarzwaldes, hat Friedrich Grünwald bei einer Exkursion mit Studenten der Darmstädter Hochschule schon vor ihrer Fertigstellung besucht. Die im Sommer 1930 eröffnete Bahn verfügte über zehn Großkabinen, von denen drei hier fabrikneu zu sehen sind. Nach einer Generalerneuerung wurde die Bahn Ende 1988 mit 37 Kleinkabinen wieder in Betrieb genommen.

Mit diesem Bild wagen wir den Schritt über den Rhein und über die Grenze, nämlich nach dem elsässischen Straßburg. Es entstand im Jahre 1940, als die Verdunklung der Scheinwerfer und deutsche Reklamen (IMI, ATA, PERI) deutlich machten, was die Stunde wieder einmal geschlagen hatte. Die alte Straßburger Straßenbahn stammte ja noch aus der Zeit zwischen 1871 und 1918, in der das Elsaß zum Bismarckreich gehörte. 1892 hatte die Bahn gar eine Strecke zwischen Kehl und Bühl in Baden gebaut, 1898 eine elektrische Verbindung zwischen Straßburg und Kehl eingerichtet. So mag diese Aufnahme mit der Front wilhelminischer Bürgerhäuser als Zeugnis dafür gelten, wie eng die Historie der Straßenbahnen mit der Geschichte der Völker verbunden ist.

Auf der rechten Seite zwei Bilder aus Pforzheim, wo man – grob ausgedrückt – im Lauf der Zeit einige Strecken von der Badischen Lokal-Eisenbahn-Gesellschaft, welche die Albtalbahn betrieb, übernahm und ausbaute. Oben ein Blick in das 1911 errichtete und später mehrfach erweiterte Depot an der Westlichen Karl-Friedrich-Straße; abgestellt ein Zug mit Triebwagen Nr. 15 von Uerdingen und AEG aus dem Jahre 1911. Hinter ihm stehen zwei der schönen rahmenlosen Beiwagen aus der Zeit ab 1921, bei denen die Achshalter am Wagenfußboden befestigt waren. Ihr Anstrich war in elfenbeinernem Farbton mit hellblauen Feldern unter den Fenstern gehalten.

Ein Wagen der meterspurigen »Panoramabahn«, eigentlich der »Pforzheimer Kleinbahn«, auf dem Bahnhof Ittersbach. Diese mit 1200 Volt Gleichstrom elektrifizierte Linie schloß hier an die Albtalbahn an, von der sie die Stadt auch 1931 übernommen hatte, und wurde in Pforzheim auf Straßenbahnstrecken bis zum Leopoldsplatz in der Stadtmitte durchgeführt. Erbauer der fünf Triebwagen von 1931 waren die Waggonfabrik Rastatt und Siemens. Der Wagen 603 kam bei der Betriebseinstellung 1968 noch an das Unternehmen Stern & Hafferl, wurde dort aber nicht mehr eingesetzt, sondern 1978 an das Straßenbahnmuseum Hannover abgegeben.

Stuttgart, mit einem der größten Straßenbahnnetze im südlichen und westlichen Deutschland gesegnet, besaß 1934 – nach Übergang der städtischen Filderbahn (SFB) auf die SSB – etwa 140 km Streckenlänge in Meterspur. Der Fahrzeugpark war in den Jahren zwischen 1924 und 1932 weitgehend erneuert worden, meist durch Eßlinger Lieferungen. Nicht nur die vielen Stamm- und Einsatzlinien waren eine Sache für Kenner, sondern ebenso bildete die Linienkennzeichnung eine Wissenschaft für sich. Wer alle Farbenkombinationen kannte, durfte der Anerkennung seiner Schulkameraden sicher sein. Hier die Linie 15 in der Königstraße am erst wenige Jahre alten Hauptbahnhof. Ihr seitliches Linienbild zierte die Bemalung »brauner Grund mit dünnem weißem Randstreifen und weißem Innenspiegel, darauf schwarze Schrift«. Sie fuhr bis zum Charlottenplatz, in der Hauptverkehrszeit bis zum Südheimer Platz in Heslach, in Gegenrichtung die Linie 2 nach der Gablenberger Schule.

Ein Blick auf die Endstation Weißenhof der Linie 10 zur Zeit der »Reichsgartenschau« im Sommer 1939. Außer der Linie E wurde noch eine besondere Linie R zu dem Gartengelände auf dem Killesberg gefahren. Bemerkenswert die frühe Anwendung der automatischen Scharfenbergkupplung. Den Triebwagen 411 haben Fuchs und die AEG im Jahre 1925 gebaut, während der Wagen 721 zu den von Eßlingen und Siemens zur Gartenschau neu gelieferten Fahrzeugen mit Stahlaufbau gehört.

Ein wartender Zug der Linie 11 (seitlich das Schild hat »roten Grund mit dünnen weißen Randstreifen und weißem Innenspiegel, darauf schwarze Schrift«) in der Nähe der Gartenausstellung vor den Weinbergen am Pragsattel. Den Triebwagen 357 haben 1914 Herbrand und AEG geliefert; er wurde im Krieg zerstört. Die Blicke der Fahrgäste und die Reklame in den Wagenfenstern sprechen eine eigene Sprache von der Zeit.

Für die Linie 1, die hier auf ihrem langen Weg von Fellbach nach Heslach und weiter nach Vaihingen daherrattert, kam selbstverständlich für das seitliche Linienschild keine andere Farbkombination als schwarz-gelb wie beim Lack des ganzen Waggons in Betracht. Die Aufnahme – neben dem typischen Haltestellenschild mit den Farben der Linien 1, 6 und 15 – entstand am Marienplatz, damals »Platz der SA« genannt. Den Triebwagen 235 haben 1928 die Maschinenfabrik Eßlingen und die AEG gebaut. Heute fahren hier unterirdisch regelspurige Stadtbahnwagen.

Am Stuttgarter Marienplatz lag auch der 1934/1935 neuerbaute Talbahnhof der meterspurigen Zahnradbahn nach Degerloch, die wir hier im Bild sehen. Die Linie auf die Filder-Hochebene stammt bereits aus dem Jahre 1884; sie wurde 1904 elektrifiziert. Der Triebwagen101 aus dem Jahre 1935 kam von Herbrand und der AEG, er ist dreiachsig ausgeführt.

Die Zahnradbahn gehörte zum Netz der Filderbahn, die auch Strecken zwischen Möhringen und Echterdingen, zwischen Degerloch und Hohenheim sowie nach Vaihingen besaß. Die Filderbahn kam 1920 in städtische Betriebsführung und wurde 1934 in die Stuttgarter Straßenbahnen AG eingegliedert. Im Bild der Filderbahnwagen F 116 auf dem Weg von Möhringen nach Vaihingen mit den deutlich sichtbaren »Maximum-Drehgestellen«, 1924 gebraucht in Krefeld erworben. Erbauer waren van der Zypen und die AEG im Jahre 1903.

6
Haltestelle
der Strassenbahn
6
KARL GAISSMAIER
6
1008
597

Nochmals der Marienplatz gegen Ende der dreißiger Jahre. Rechts die neue Talstation der Zahnradbahn nach Degerloch, die an diesem Platz am 21. Dezember 1936 eröffnet worden ist. Davor wartet in der Sommersonne ein älterer Triebwagen, der 1912 von Herbrand und AEG gebaut worden ist, auf seinen nächsten Einsatz in der Rundbahn-Linie 3 über den »Ring« vom Marienplatz durch die Silberburgstraße in Richtung Hauptbahnhof, Staatsgalerie, Charlottenplatz, Olgaeck und durch die Heusteigstraße wieder zum Marienplatz. Einige Fahrgäste steigen um in den Zug der Linie 6 (links im Bild), die den »Westring« über Wilhelmsbau, Schloßplatz, Hauptbahnhof, Hegelplatz, Schwabstraße und Schwabtunnel bis zum Marienplatz bedient. Im Hintergrund der »Kaiserbau«, eines der imposanten Wohn- und Geschäftshäuser vom Anfang unseres Jahrhunderts.

Auf der bereits erwähnten Filderbahn bei Stuttgart wurde ein beträchtlicher Güterverkehr mit Normalspurwagen abgewickelt, für den eine Reihe von Strecken mit dritter Schiene an einem Gleis versehen war. Die vierachsige Elektrolokomotive F1 der Filderbahn hatte 1435 mm Spurweite; sie und ihre Schwester F2 wurden 1922/1924 vom Eisenwerk G. Trelenberg in Breslau hergestellt.

Über die Filderhöhe lief auch die 1926 eröffnete meterspurige Straßenbahn Eßlingen–Nellingen–Denkendorf, die eng mit den Gesellschaften von Stuttgart und Eßlingen verbunden war. Der Triebwagen Nr. 20 in seinem seltenen weiß-hellblaugrünen Anstrich ist ein alter Stuttgarter, nämlich der sogenannte »Königswagen« Nr. 300 von 1903, der 1933 den Besitzer gewechselt hatte. Wegen seiner großen Fenster wurde er auch als »Salonwagen« bezeichnet. 1965 ging er für Museumsaufgaben nach Stuttgart zurück, mußte dort aber wegen zu großer Alterung doch verschrottet werden. Die Bahn ist Anfang 1978 stillgelegt worden.

Leider besitzen wir kein Bild Friedrich Grünwalds von der Städtischen Eßlinger Straßenbahn, die ebenfalls dicht mit Stuttgart verknüpft war. Wenden wir uns daher nun nach Heilbronn, wo vor dem Krieg 25 Triebwagen und 23 Beiwagen im Einsatz waren. Hier steht nun am Hauptbahnhof abermals ein Krefelder Wagen mit »Maximum-Drehgestellen«, 1903 bei van der Zypen und der AEG entstanden und 1925 an den Neckar verkauft. Das weiß-blaue Vehikel fuhr auf der späteren Linie 5 (hier noch Linie S) nach Sontheim, die zur Jahrhundertwende eröffnet worden war.

Die Straßenbahn von Heilbronn war, wie spitze Zungen behaupteten, ein rechter »Gebrauchtwagenbetrieb«, der nur wenige Fahrzeuge fabrikneu beschaffte. Der oben links gezeigte Meterspur-Triebwagen Nr. 6 auf der Linie 2 kam 1929 auch schon aus Stuttgart und hatte bereits ein Vierteljahrhundert auf dem Bukkel. Erbauer waren Herbrand und AEG, er ging 1939 weiter nach Elbing.

Darunter zwei nette blauweiße Beiwagen in Heilbronn, abgestellt beim Depot am Hauptbahnhof. Die Nr. 105 war ursprünglich gebaut als Pferdebahnwagen (Baujahr 1888) für Stuttgart, die Nr. 111 kam von Würzburg und war dort als Triebwagen (Baujahr 1900) gelaufen. Nach den großen Kriegszerstörungen nahm die Stadt 1955 Abschied von ihrer Straßenbahn.

In Reutlingen, der Geburtsstadt Friedrich Lists, bestanden von 1928 bis 1944 zwei voneinander unabhängige meterspurige Straßenbahnen. Die Württembergische Eisenbahn-Gesellschaft betrieb bereits seit 1899 mit Dampf die Lokalbahn von Reutlingen nach Eningen, welche sie 1912 bis Betzingen verlängerte und elektrifizierte. 1916, mitten im Kriege, eröffnete diese Gesellschaft einen weiteren Streckenast nach Pfullingen. Der am Bahnhof Reutlingen stehende Zug aus Triebwagen 25 und Beiwagen 76 der WEG gehört zu den für diese Bahn von Herbrand und BBC 1915 gebauten Fahrzeugen. Rundbolzenkupplung, Lyrabügel, Dachlaternen und die Dreieckwalze mit der rot-weißen Beschriftung entsprechen noch fast dem Anlieferungszustand. Etwa 1936 aufgenommen.

Eine städtische Straßenbahn nach Altenburg eröffneten die Reutlinger am 1. August 1928. Bei der Maschinenfabrik Eßlingen und BBC wurden dafür die Triebwagen 51 bis 54 (jeweils 13500 Mark) und die Beiwagen 71 bis 75 (12100 Mark) beschafft. Der Entwurf lehnte sich an das Stuttgarter Vorbild an. Die Innenausstattung sah Eiche für die Wände, Linde für das Dach, Kiefer für den Boden und Eschenholzlatten für die Sitze vor. 1929 folgten die Wagen 55 und 76 nach.

Die Bilder vom Umsetzen der Wagen 52 und 76 entstanden am Karlsplatz, der Endstation für die Überlandlinie Reutlingen–Altenburg. Wagen 52 wurde 1971 ausgemustert, der Beiwagen ist museal erhalten. An beiden Fahrzeugen sind schon Luftschutzvorhänge ausgerollt. 1944 übernahm die Stadt auch die WEG-Bahn, weil sie damit den Betrieb rentabler gestalten wollte. 1974 gab Reutlingen seine letzten Straßenbahnlinien auf.

Als Zwitterding zwischen Straßenbahn und Eisenbahn galt die schon 1888 eröffnete Bahn zwischen Ravensburg (an der Staatsbahn von Ulm nach Friedrichshafen) und Weingarten, jedenfalls seit der Elektrifizierung und Verlängerung bis Baienfurt um 1910. Es handelte sich um eine der ersten Strecken der Münchner Lokalbahn-AG. Sie wurde ursprünglich mit Trambahnloks von Krauss betrieben, ehe die 1908 gebauten fünf elfenbein-roten Triebwagen Nr. 800 bis 804 von Eßlingen und Siemens erschienen. Unten der Wagen 801 (nach Übernahme durch die Reichsbahn ET 196.02) vor seiner 6,6 km langen Fahrt am Bahnhofsvorplatz in Ravensburg, dahinter ein Lokalbahnwagen mit offenen Plattformen aus dem Gründungsjahr der Bahn.

Das Depot der meterspurigen Ravensburger Bahn befand sich in Weingarten. Dort hatte der zweiachsige Triebwagen 875, noch 1914 bei Eßlingen und Oerlikon für den Betrieb zu verkehrsschwachen Zeiten beschafft, beim Eintreffen unseres Fotografen gerade Ruhe. Es ist der spätere ET 197.01. Im Jahre 1938 wurde die LAG von der Reichsbahn übernommen; die Ravensburger Wagen kamen damals in die Baureihen ET 196 und 197. Sie wurden erst abgestellt, als die Bahn 1959 stillgelegt wurde.

In Ulm, dessen Straßenbahnen bis 1917 keine Schaffner gekannt hatten, sondern mit Zahlkästen und Fahrscheinautomaten ausgekommen waren, bestanden gegen Ende der zwanziger Jahre vier Linien mit 12,5 km Streckenlänge. Die Linie 4 fuhr vom Römerplatz über den Hauptbahnhof, dessen Vorplatz das Bild zeigt, nach dem Krankenhaus Safranberg. Wagen 7 war 1927 von der Dortmunder Union als Beiwagen geliefert und zu schwer befunden worden, so daß die Maschinenfabrik Eßlingen ihn 1927 in einen Triebwagen umbaute.

Hier nun das Umschwenken des Lyra-Bügels beim Wechsel der Fahrtrichtung, ein damals in Deutschland vieltausendfach täglich vorgenommener Handgriff. Der Triebwagen 14 der Städtischen Straßenbahn Ulm stammt von der MAN und der AEG, Baujahr 1905. Er läuft hier auf der Linie 2 vom Hauptbahnhof, wo auch diese Aufnahme entstand, über Münsterplatz, Rathaus und Donaubrücken zum Bahnhof Neu-Ulm.

# *Kapitel 3: Straßenbahnen in Bayern und Franken*

*Augsburg – München – Landshut – Regensburg – Nürnberg – Fürth – Würzburg*

In Augsburg, so will es uns scheinen, hat Friedrich Grünwald nur »zwischen zwei Zügen« den Trambahnen am Bahnhofsvorplatz einen Besuch abgestattet. Die Linie 1 von Lechhausen kam vom Königsplatz durch die Bahnhofstraße zwischen den beiden Häusern heraus und hatte nach einer Rechtskurve hier ihre Haltestelle »Hauptbahnhof«, bevor sie nach Pfersee weiterfuhr. Die schmucken Triebwagen 164 (unten) und 173 (rechts oben) gehörten zu einer von 1926 bis 1928 beschafften Serie von 18 Vierachsern aus den Werkstätten der MAN mit Siemens-Elektrik; der Beiwagen aus der Reihe 211 bis 220 ist 1928 passend dazu von MAN gebaut worden.

Die Wagenserie 157 bis 174 hatte Maximum-Drehgestelle und Tonnendach. Die Wagenanschriften, das Stadtwappen, die grünen Zierstreifen und die Walze mit den Zielangaben sind ebenso unverwechselbar wie der Stangenstromabnehmer. 1937 besaß die Tram in Augsburg 78 Triebwagen und 47 Beiwagen, befuhr 40,9 km Streckenlänge und beschäftigte 508 Personen. 1881 begann man hier mit einer Pferdebahn in Normalspur und rüstete ab 1895 die einzelnen Linien auf elektrischen Betrieb um; das Pferdebahngleis war dafür zu schwach, und so änderte man es für den elektrischen Betrieb auf Meterspur.

Eine kleine Augsburger Besonderheit zeigt das Bild unten rechts. Da steht der MAN-Sattelschlepperbus Nr. 10 der nördlich gelegenen Gemeinde Gersthofen, die den Verkehr von Stettenhofen nach Augsburg bediente. Auch diese Aufnahme ist vor dem Augsburger Hauptbahnhof gemacht worden, der 1846 vom Bayer. Staatsarchitekten Friedrich Bürklein im klassizistischen Baustil errichtet wurde; 1867 wurde er beidseitig durch Flügelbauten erweitert und erhielt auch stadtseitig die offene Vorhalle mit den gußeisernen Stützen – so besteht er heute noch.

Es hieße, die berühmten Eulen nach Athen zu tragen, wollte man noch viel über das innige Verhältnis der Münchner zu ihrer Trambahn sagen. Ludwig Thoma, Karl Valentin und der Weiß-Ferdl haben die weiß-blauen Wagen so volkstümlich und treffend besungen, daß sich jeder Einheimische und jeder Fremde in ihren Texten wiederfinden kann. Am Karlsplatz vor dem Justizpalast ist diese Aufnahme des typischen Triebwagens 331 aus der Reihe A.1, die Rathgeber 1898/1899 geliefert hat, in der Zeit um 1936 entstanden.

Schon frühzeitig hat München auch einen bedeutsamen städtischen Omnibusbetrieb aufgezogen. Dieser Daimler-Benz-Bus Nr. 18 des Typs O 4000 mit Einstiegen auf beiden Seiten wurde 1935 angeschafft und rollt hier auf der Linie A 6 vom Odeonsplatz über den Marienplatz zum Sendlinger-Tor-Platz an seine Haltestelle. Bald nach Kriegsbeginn 1939 mußte er zur Wehrmacht abgegeben werden.

In München sind die Straßenbahntriebwagen in recht großen, übersichtlichen Serien beschafft worden. Vierachsige Fahrzeuge mit Maximum-Drehgestellen von der Bergischen Stahl-Industrie beherrschten das Bild. Zahlreiche Triebwagen des Typs A 1.1 haben die Städtischen Straßenbahnbetriebe ab 1928 umgebaut und mit drei weiten Stahlrahmen-Bogenfenstern versehen. Hier die Seitenansicht eines solchen Wagens mit der neuen Typenbezeichnung A 3.1.

Der Triebwagen 496 auf der Linie 12, dem »Südring«, wurde 1913 als Typ C2.4 von Rathgeber und der AEG geliefert. Nach dem Eintreffen jüngerer Trambahnwagen in München wurde die Serie C ab 1926 von den Städtischen Straßenbahnbetrieben mit Schleppdächern und neuen Motoren zum Typ D modernisiert. Aufnahme des hellblau-weiß lackierten Fahrzeugs, wieder am Stachus, um 1936. Damals besaß die Stadt 470 Triebwagen und 530 Beiwagen.

Nochmals ein Bild von der Karlsplatz-Nordseite in München. Der Triebwagen 564 aus dem Baujahr 1925/1926 gehört zum Typ E2.8, von dem Linke-Hofmann-Lauchhammer und Siemens 60 Stück gebaut haben. Auffällig auch hier der »Abweisbogen« für die Stromabnehmerleine neben dem Liniennummernkasten. Dieser Wagen ist 1943 als Kriegsverlust aus dem Bestand ausgeschieden.

Einen kurzen Abstecher zur Städtischen Straßenbahn Landshut vermittelt dieses Bild. Hier löste die »Elektrische« 1913 die erst 1902 eröffnete Pferdebahn ab; sie bediente nur eine 2,4 km lange Linie vom Bahnhof über die Altstadt zum Dreifaltigkeitsplatz, der 1940 den Namen »Adolf-Hitler-Platz« hatte. Hinter Triebwagen 3 und Beiwagen 15 ist ein weiterer weiß-blauer Triebwagen des Baujahrs 1912 zu sehen. Der gesamte Betrieb fiel noch im März 1945 dem Bombenkrieg zum Opfer.

Abermals ins Herz der Stadt München mit dem Marienplatz und dem Rathaus führt diese Aufnahme eines Zuges auf der Linie 39 von Steinhausen nach Laim, geführt vom Triebwagen 563 aus der schon genannten Serie E2.8 von 1925/1926. Die Stirnschilder aller den Hauptbahnhof berührenden Wagen trugen einen roten Querstrich; der einfache Fahrpreis auf dem Stadtnetz betrug damals 20 Pfennig.

39

Die meterspurige Straßenbahn von Regensburg ist hier nur mit einem Bild vom Platz vor dem Hauptbahnhof vertreten. 1936 besaß man 36 Triebwagen und 22 Beiwagen. In den engen Straßen um den Dom war der Betrieb recht beschwerlich. Der Triebwagen 24 ist 1927 bei der MAN gebaut worden und hat erst 1949 einen Scherenstromabnehmer erhalten.

Die Straßenbahn von Nürnberg und Fürth genoß in den dreißiger Jahren unter Fachleuten einen guten Ruf, den sie nicht nur den Bauten für die Reichsparteitage mit ihren vielfältigen Investitionen, sondern auch ihrem tüchtigen Direktor Sieber verdankte. Diese Brücke über die Allersberger Straße wurde 1936 für die Linie zum Stadion gebaut.

Während der alljährlich stattfindenden Reichsparteitage befand sich fast jeder Wagen der Nürnberg-Fürther Straßenbahn im Einsatz; 1936 waren 282 Triebwagen und 291 Beiwagen auf 20 Linien unterwegs. Rund vierzig dieser olivgrün-elfenbeinfarben lackierten Wagen warten hier in der Abstellanlage am Stadion auf neue Einsätze. Ein besonderes Merkmal aller Nürnberger Fahrzeuge war die nach 1934 installierte »Rutenlichtkupplung« auf den Dächern, eine selbsttätige Lichtstromkupplung.

Die Organisation des Massenverkehrs zu den Reichsparteitagen mit ihren zahllosen Schildern und Vorschriften bestimmt die Bilder aus Nürnberg. Hier mußte der Fahrgast »20 Pfg. Fahrgeld bereithalten«, wenn er an der Sonderhaltestelle »Plärrer« den Wagen 146 besteigen wollte. Es war einer von zehn »Zeppelinwagen« der Serie 141 bis 150 aus dem Jahre 1909, so genannt wegen der eleganten Form und des ruhigen Laufs. 1941 wurden die Zeppelinwagen nach Krakau abgegeben, doch 1984 kehrte der Wagen 144 als Museumsfahrzeug in seine alte Heimat zurück.

Sogar einen »Straßenbahn-Hilfsdienst der SS« hat Nürnberg vor dem Krieg gekannt. Das Bild zeigt nochmals die »Einsteigestelle 40« am Plärrer. Das Gebäude rechts hinten ist der Ludwigsbahnhof der »Ersten deutschen Eisenbahn«. Der Triebwagen 215 gehörte zu den großen MAN-Lieferungen der Jahre von 1904 bis 1906. Er kam mit einigen weiteren nach Kattowitz, als im Krieg der aufgeblähte Nürnberger Fahrzeugbestand verkleinert werden mußte; andere Wagen gelangten nach Graz.

Ohne Disziplin schien es auch in Nürnberg nicht zu gehen. »Links einsteigen verboten«, lautet die Parole am Beiwagen 1040 von 1914, hier hinter einem 700er Triebwagen. Die Aufnahme zeigt den Einsatzzug zum Volksfest an der schon bekannten »Haltestelle 40 am Plärrer«.

Eine zweispurige Haltestelle auf dem Wodanplatz zählte zu den Besonderheiten der Straßenbahn in Nürnberg. Die beiden Triebwagen gehören zu einer zwischen 1912 und 1914 von der MAN gebauten Serie von 74 Fahrzeugen, die bis zum Anfang der sechziger Jahre liefen. Der Triebwagen 646 von 1913 steht abfahrbereit in Richtung Wilhelm-Späth-Straße stadteinwärts, der im selben Jahr gebaute Wagen 615 wird in Richtung Hainstraße/St. Peter abfahren. Das nach unten aus dem Bild laufende Gleis führt zu dem 1935 abgebrochenen Betriebsbahnhof Luitpoldhain. Auf der Plakatwand sind die Parolen aus dem »Stürmer« zu lesen.

Die klassische Dreiwagenzug-Kombination im Nürnberger Linienverkehr illustriert diese Aufnahme. Der 1926 von MAN gebaute Triebwagen 764 mit seinen beiden 1100er Beiwagen (Baujahre 1925–1929) wird sich nach vollzogenem Fahrgastwechsel an der Haltestelle Marientor in Richtung Dutzendteich, Endhaltestelle der Linie 2, in Bewegung setzen. Wie viele Konstruktionen der zwanziger Jahre besaßen auch diese Nürnberger Wagen an den jeweils hinteren Perrons doppelte Einstiege, um einen schnelleren Fahrgastwechsel zu ermöglichen. Scherenstromabnehmer lösten seit 1934 die berühmten Lyrabügel ab.

Als Muster für den vor dem Kriege konzipierten deutschen zweiachsigen »Einheits-Straßenbahnwagen« sind die 1939/1940 von MAN und Düwag für Nürnberg gebauten 30 Triebwagen der 900er Serie anzusehen. Sie kamen ab Juli 1940 besonders auf der Linie 21 von Fürth über Plärrer und Hauptbahnhof nach Ziegelstein zum Einsatz. Mit ihnen war auch der neue reichseinheitliche Elfenbein-Anstrich erstmals in der Stadt zu sehen. Hier wartet ein Dreiwagenzug mit zwei 1200er Beiwagen des Baujahres 1935 an der Haltestelle Marientor auf die Abfahrt in Richtung Maxfeld.

Mit 24 jungen Triebwagen aus den zwanziger Jahren und mit 20 Beiwagen machte die Straßenbahn von Würzburg 1936 auf drei Linien Betrieb. Triebwagen 18 auf Linie 1 von Sanderau nach Grombühl wartet vor dem Hauptbahnhof auf Fahrgäste, rechts die Kaiserstraße mit dem Parkhotel National. Die heutige Schleifenfahrt gab es damals noch nicht.

Auch ein Betriebsarbeiter der Würzburger Straßenbahn mit Besen und Gießkanne will auf Linie 1 in den Triebwagen 16 steigen, den MAN und AEG 1927 geliefert haben. Diese meterspurigen Wagen besaßen ihre Scherenstromabnehmer ab Werk.

# *Kapitel 4: Straßenbahnen in Hessen*

*Hanau – Offenbach – Frankfurt am Main – Bad Homburg – Wiesbaden – Darmstadt – Gießen – Marburg – Kassel*

Einen kleinen Straßenbahnbetrieb besaß Hanau zwischen 1908 und 1945, schon ab 1918 aber von Krisen geschüttelt. Seit 1933 rollte nur noch eine 4,2 km lange Linie zwischen dem Hauptbahnhof und dem Beethovenplatz. Der Wagen 3, hier in der Hammerstraße nahe am Marktplatz, war einer von zehn Triebfahrzeugen der Erstausrüstung von 1908. Aufnahmen um 1930.

Nochmals zwei Straßenbahnwagen in Hanau, die zur Erstlieferung von MAN und Siemens gehörten, auf einer Ausweiche in der Altstadt. Triebwagen 3 ist bereits 1936 ausgemustert worden. Für 1942 war in Hanau eine Umstellung auf Obusbetrieb geplant, die aber nicht mehr realisiert wurde; im März 1945 wurde die Straßenbahn rettungslos zerstört und nicht wieder aufgebaut.

Modernstes Fahrzeug der Straßenbahn in Hanau war dieser im Dezember 1927 von Credé in Kassel gelieferte Stahlwagen Nr. 15 mit Lyrabügel, der bald den schönen Beinamen »Schwan von Hanau« erhielt. Die Aufnahme mit dem Zielschild »Rosenau« entstand wohl 1928, als die Verlängerung zum Beethovenplatz mit den neuen Wohnblocks noch im Bau war. Selbst heute trägt der städtische Busbetrieb dort noch den Namen »Hanauer Straßenbahn«.

In Offenbach hat Friedrich Grünwald während des Zweiten Weltkriegs als Betriebsleiter der Straßenbahn gearbeitet. Auf drei Linien waren damals rund dreißig Triebwagen und zwanzig Beiwagen unterwegs. Der Triebwagen 1033 mit Luftschutz-Abblendung steht hier 1941 in der Kaiserstraße am Hauptbahnhof zur Abfahrt nach Bürgel über den Marktplatz bereit.

Die Wagen 1025 bis 1034 der Straßenbahn von Offenbach wurden von der Waggonfabrik Gotha und von den Bergmann-Elektrizitätswerken 1926 geliefert. Die hohen Linien- und Wagennummern wählte man vor Aufnahme des gemeinschaftlichen Betriebes mit Frankfurt 1910 zur besseren Unterscheidung. Die Linie 28 war ab 1930 zwischen der Goethestraße und der Dietzenbacher Straße im Süden der Stadt unterwegs. Die Fliegerbombe links trägt den Spruch »Luftschutz ist Selbstschutz« und kündigt eine böse Zukunft an; der Wagen 1029 brannte 1944 ab.

Ein Magirus-Hilfswagen der Straßenbahn Offenbach mit Junghelfern beim Nachspannen der Fahrleitung, wieder 1941/1942 aufgenommen. Links im Hintergrund wartet der Triebwagen 1030 auf Linie 28 zur Dietzenbacher Straße, bis das Zeichen zur Weiterfahrt kommt.

Ein schöner Blick über den Offenbacher Marktplatz, gesehen wenige Jahre vor dem Beginn der Luftangriffe von 1943. Die Linie 16 wurde im Gemeinschaftsverkehr mit Frankfurt am Main betrieben, das Linienschild war diagonal weiß-rot geteilt. Links steht der Offenbacher Triebwagen 1030 mit zwei Beiwagen auf dem Weg zum Friedhof, rechts ein Dreiwagenzug mit dem Frankfurter Beiwagen 654 am Schluß auf seinem Rückweg über den Lokalbahnhof zum Hauptbahnhof.

Im Betriebshof der Straßenbahn Offenbach am Alten Friedhof sind diese Bilder von Fahrzeugen in Aufarbeitung entstanden. Links der Beiwagen 1109 von 1907, in Bildmitte der Triebwagen 1034 von 1926, rechts daneben wohl zwei weitere Beiwagen. Vermutlich handelt es sich um die 1941 modernisierten Beiwagen 1119 und 1120, die herabgezogene Dächer und neue Plattformen erhielten, um im angewachsenen Verkehr der Kriegsjahre hinter dem Triebwagen 1029 eingesetzt zu werden.

Der beschädigte Triebwagen 1027 der Stadt Offenbach gehörte zur schon mehrfach gezeigten Bauart von 1926. Hier ist er um 1941 noch unfallbeschädigt abgestellt. 1944 brannte er im Krieg aus. In Offenbach waren bis 1938 farbige Dachlampen als Kennzeichen für die verschiedenen Linien üblich, von denen eine auch während der Verdunklung im Krieg wieder benutzt wurde.

Am Lokalbahnhof in Frankfurt am Main entstand eine der bekanntesten Aufnahmen Friedrich Grünwalds. Sie zeigt vor der Gastwirtschaft »Zur Harmonie« links einen Zug der Stadt Offenbach auf Linie 16 mit dem Fahrtziel Offenbach Friedhof, dahinter einen Frankfurter Einsatzwagen der Linie 16E bis Landesgrenze, rechts einen Zug der Stadt Frankfurt auf Linie 19 vom Zoo nach Rödelheim sowie einen davonfahrenden Zug der Linie 9. Aufnahme 1929.

In seiner Heimatstadt Frankfurt am Main hat Friedrich Grünwald die Prüfung als Straßenbahnfahrer abgelegt und selbst auch häufig Fahrdienst gemacht, daher stammen viele Aufnahmen aus der Stadt. Einen Blick in die Braubachstraße vom Römer in Richtung Domstraße mit einem Zug der Linie 18 vom Ostend zum Schönhof gestattet diese Doppelseite.

Den Frankfurter Hauptbahnhof von 1888 zeigt dieses Typenbild des Triebwagens 363 auf der Linie 10 von Bornheim, die hier an der Südseite endete, im Hintergrund. Der Wagen wurde 1913 gebaut und präsentiert sich noch weitgehend im Ursprungszustand.

Der Platz vor dem Hauptbahnhof in Frankfurt mit einem Turmwagen der Städtischen Straßenbahn, rechts die Einmündung der Kaiserstraße.

An der Kreuzung von Kaiserstraße und Neuer Mainzer Straße mit Blickrichtung auf den Kaiserplatz befand sich der Fotograf für diese Aufnahme eines Zuges der Linie 15 nach Niederrad, der das Signal der Verkehrsampel abwartet.

Blick vom Roßmarkt über die Hauptwache und die rechts abgehende Zeil in Frankfurt um 1929. Ein Zug der Linie 15 vom Ostend nach Niederrad über Hauptbahnhof wartet die Kreuzung mit einer Kraftdroschke ab.

Begegnung der Frankfurter Straßenbahnlinien 12 zum Prüfling und 23 zum Schauspielhaus an der Hauptwache mit Blick in Richtung Roßmarkt, ebenfalls 1929/1930 beobachtet.

Für eine Massenveranstaltung am 1. Mai 1934 brachte die Städtische Straßenbahn mit ihren Linien 3 und 6 sowie Einsatzwagen die Menschen in den Ostpark von Frankfurt. Die zahlreichen Züge wurden für die Rückfahrt in der Parlamentsstraße bei der Endstelle Röderbergweg aufgestellt.

Blick von der Ratsweg-
brücke in Frankfurt auf
die Gleiswerkstätte Rie-
derhöfe der Straßenbahn.
Auch hier wurden zur
Maikundgebung 1934
zahlreiche Züge der Li-
nie 14 und Einsatzwagen
neben den dort stationier-
ten Arbeitstriebwagen ab-
gestellt.

Im Juli 1929 hat man auf der Straßenbahnlinie 23 von Heddernheim zum Schauspielhaus in Frankfurt ein exotisches Fahrzeug ausprobiert, nämlich den Mailänder »Peter-Witt-Triebwagen« 1502. Er war für Fahrgastfluß mit sitzendem Schaffner eingerichtet, der Einstieg war nur vorn erlaubt. Wie die Aufnahme von der Hauptwache zeigt, mochte sich das Publikum damals nicht recht daran gewöhnen.

Eine Spezialität im Trambahn-Wagenpark von Frankfurt war der 1930 durch die Hauptwerkstatt umgebaute »Brückenwagen« 394, der nach den Versuchen mit dem Mailänder Wagen herauskam. Ein Gastell-Triebwagen und sein Beiwagen, beide von 1914, wurden mit Faltenbalg und Brücke verbunden, erhielten einen Schaffnersitz hinten und wurden so für Fahrgastfluß eingerichtet. Nach Erprobung dieses vom Volksmund »Max und Moritz« genannten Fahrzeugs auf den Linien 1, 6 und 17 wurde es bis 1939 für Stadtrundfahrten verwendet. Aufnahme am Hauptbahnhof.

Massenverkehr auf der Straßenbahnlinie 12 in Frankfurt mit Fahrgästen, die zum damaligen Flugplatz am Rebstock wollten. Bis 1936 hieß die heutige Mönchhofstraße noch »Flughafenstraße«. Außen am Triebwagen, dem eben ein Knabe im Matrosenanzug mit seinem Vater entstiegen ist, hängt der Weichenstellhebel. Ein Betriebsaufseher der Straßenbahn kontrolliert den Verkehrsablauf.

Nochmals die Wendeschleife an der Mainzer Landstraße, von wo die Fahrgäste zum Rebstökker Flugplatz strömen. Züge der Linien 10 und 11 wurden bei großem Andrang vom Hauptbahnhof bis hierhin verlängert, der Fahrplan auch mit Einsatzwagen verstärkt. Beide Bilder dürften 1930 aufgenommen worden sein; der Rhein-Main-Flughafen wurde erst 1936 angelegt.

Die Endstation der Linie 14 in Nied, Kirche, wurde Ende 1935 fertiggestellt; hier der Blick auf einen abfahrbereiten Zug in Richtung Fechenheim. In Nied besorgten Omnibusse der Linie D den Anschluß von Höchst und Zeilsheim; erst 1952 wurde die Trambahn bis Höchst verlängert.

Ein eigenes Kapitel der Straßenbahngeschichte von Frankfurt war die Sache mit der Waldbahn von Sachsenhausen nach Niederrad, Schwanheim und Neu-Isenburg. Im Jahre 1889 eröffnet, hatte diese nebenbahnähnliche Kleinbahn mit den verkleideten Trambahnlokomotiven viele Freunde unter den Ausflüglern in den Stadtwald und zu den Apfelweinlokalen. Ein typischer Waldbahnzug begegnet uns 1928 am Oberforsthaus auf dem Weg nach Schwanheim.

Im Jahre 1929 wurde die Waldbahn von Frankfurt elektrifiziert. Am 5. Oktober 1929 löste die Straßenbahnlinie 7 an der Schleife in Neu-Isenburg den letzten Dampfzug ab, bestaunt von einer vielköpfigen Menschenmenge. Die Waldbahn hat zum Schluß noch 14 Lokomotiven, 32 Personenwagen und 12 Güterwagen besessen.

Im Innern eines vierachsigen Waldbahnwagens von Frankfurt, der 40 Sitzplätze 3. Klasse bot. In einigen Wagen waren auch Sitze 2. Klasse vorhanden. Die Reklame für das Restaurant »Schöne Aussicht« in Schwanheim unterstreicht den Charakter dieser landschaftlich reizvollen Ausflugsbahn.

Seit dem 13. Juli 1929 fuhr die städtische Straßenbahnlinie 21 statt der alten Waldbahn nach Schwanheim, dessen schönes Empfangsgebäude links zu sehen ist. Die Aufnahme entstand bei einer der ersten Fahrten. Im Hintergrund der Wagenschuppen, in dem lange Zeit die Museumsbahnwagen von Frankfurt geschlummert haben, bis 1984 und 1987 dort das Straßenbahnmuseum eröffnet wurde. Der Triebwagen 236 von 1906 hat nachträglich eine Führerstandsverglasung erhalten.

Auf den Strecken in den Stadtwald von Frankfurt waren die offenen Sommerbeiwagen in den letzten Jahren vor dem Krieg sehr beliebt, von denen die Stadt vier Stück 1935 nach Stillegung der Saalburgbahn aus Bad Homburg übernommen hatte.

Mädchen in BDM-Uniform haben in einem Zug der Linie 21 nach Schwanheim Platz gefunden; Aufnahme am Oberforsthaus um 1939. Die Sommerwagen wurden 1956/1957 zu Arbeitswagen umgebaut.

Ein Blick hinter die Hauptwache in Frankfurt mit dem Eckhaus von Zeil und Großer Eschenheimer Straße, dort, wo heute der »Kaufhof« steht. Die Straßenbahn in Frankfurt hat mehrere Reklame-Triebwagen besessen. Hier wurde eine besonders drakonische Warnung für unachtsame Kraftwagenlenker per Güterwagen durch die Stadt gefahren.

Als Kiosk hat dieser alte Frankfurter Straßenbahnwagen sein Dasein in einem Niederräder Garten beschlossen. Der Triebwagen 34 gehörte zur Erstausstattung der Trambahn am Main von 1899 und war 1929 ausgemustert worden.

Kein Triebwagen, sondern der Beiwagen 909 als provisorische Wartehalle ist hier zu sehen. Er diente von 1929 bis 1937 den Fahrgästen des Pendelwagens der Linie 34 nach Ginnheim, Schule, am Dornbusch als Obdach, wenn sie auf der Eschersheimer Landstraße mit Linie 23, 24 oder 25 herangekommen waren und auf Anschluß warten mußten. Über den Bügel bezog er den Strom für Heizung und Beleuchtung.

HALT
Zustimmung zur Einfahrt in die
Wagenhalle gibt Stellwerk
durch grünes Lichtzeichen
oder durch ein Hornsignal.
Diese Weiche ist stets
auf den geraden Strang
zurückzulegen.
24
Frankfur
L 24
L 25

Zu den Tram-Spezialitäten von Frankfurt a.M. zählt auch die Frankfurter Lokalbahn-AG (FLAG), die über lange Jahre einen Gemeinschaftsverkehr mit der Städtischen Straßenbahn nach Bad Homburg (Linie 25) und nach Oberursel (Linie 24) betrieb. Als Überlandstraßenbahn mit schwereren, luftgebremsten Fahrzeugen ausgestattet, standen die Fahrpläne der beiden nebenbahnähnlichen Kleinbahnen sogar im amtlichen Kursbuch der Deutschen Reichsbahn. Eigene Strecken besaß die FLAG nur zwischen den beiden Taunusorten und dem Frankfurter Stadtteil Heddernheim, dessen städtische Wagenhalle und nördliche Ausfahrt mit Hebelstellwerk und Eisenbahnsignalen das Bild zeigt. Nach der Innenstadt bis zur Endstation der Linien 24 und 25 am Schauspielhaus wurden die Gleise der städtischen Linie 23 auf der Eschersheimer Landstraße mitbenutzt. Herbrand baute die 18 Triebwagen der FLAG im Jahre 1910, an deren Stirnfront sogleich die Doppelscheinwerfer und der Luftschlauch auffallen. Links steht ein solcher Wagen für Einsatzzüge bereit.

Die Städtische Straßenbahn in Frankfurt am Main beschaffte für den Gemeinschaftsverkehr mit der Lokalbahn ihrerseits im Jahre 1910 von der Waggonfabrik Uerdingen acht Vorortbahnwagen mit 13 Beiwagen; schon diese Zahlen weisen darauf hin, daß man dank der Luftbremse mit zwei oder gar drei Anhängern fahren konnte, wenn der Fahrgastansturm nach dem Taunus am Wochenende es verlangte. Oben ein solcher Uerdinger Wagen aus der Frankfurter Nummernserie 348 bis 355 (ab 1924: 475 bis 482), ausgerüstet mit dem sogenannten »Berliner Dreiecksbügel«, mit dem die Streckentrennabschnitte überwunden werden sollten. Der Zug ist an der Station Weißkirchen unterwegs nach der Hohemark bei Oberursel; das Wartehaus an der Station leistet im Winter gute Dienste.

Rechts zweimal die Linie 25 mit Triebwagen der Frankfurter Lokalbahn-AG, dahinter stets die »Badewanne«, wie der 1923 bei Uerdingen gebaute Niederflur-Drehgestellwagen Nr. 75 mit Mitteleinstieg gern genannt wurde. Oben ein Sommernachmittag an der Kreuzung der Hügelstraße und der Eschersheimer Landstraße vor den streng gegliederten Wohnhäusern im Stil der Neuen Sachlichkeit der zwanziger Jahre.

Hier steht der heutige Museumswagen Nr. 1300 ganz im Vordergrund, und zwar als Beiwagen hinter einem Triebwagen der Frankfurter Lokalbahn-AG auf der Linie 25 nach Bad Homburg. Das Bild zeigt die Endstation am wilhelminischen Schauspielhaus in der Gallusanlage. Als Konkurrenz: das Fahrrad.

Hier wieder einer der robusten Triebwagen der Frankfurter Lokalbahn-AG mit dem typischen Doppelschleifenbügel, der ein glattes Überfahren stromloser Stücke an den Streckentrennern ermöglichen sollte; Wagen 2 in Heddernheim. Unvergessen allen Frankfurtern auch die dreikantigen Richtungsschilder und die Dachlaternen in grün und weiß bei der Linie 25.

Die Linie 25 endete in Bad Homburg am Markt, auch wenn sie stolz das Wörtchen »Saalburg« im Schilde führte. Nach dem um die Jahrhundertwende rekonstruierten Römerkastell im Taunus nahm man vielmehr schon seit Pfingsten des Jahres 1900 die »Saalburgbahn« des Elektrizitätswerks Homburg vor der Höhe. Die Reise dauerte eine gute halbe Stunde und führte zu einer »im römischen Kolonialstil errichteten Wartehalle« zu Füßen des Limes, die heute noch vorhanden ist. 206 Meter Höhenunterschied hatte diese Bergbahn zu bewältigen. Rechts oben die Umsteigeszene auf der Louisenstraße am Markt des alten Fürstenbades.

Nochmals die sogenannte »elektrische Bergbahn« von Bad Homburg, nämlich der Saalburgwagen Nr. 13 auf seinem Weg talwärts über die Altstadtbrücke am Untertor, die heutige Ritter-von-Marx-Brücke. Die größte Steigung der Bahn war 1:18. Nach einem Unfall im Jahre 1930 und fühlbarem Verkehrsrückgang stellte man die Bahn am 31. Juli 1935 ein. Der Omnibus fuhr fortan in 18 bis 20 Minuten zur Saalburg hoch.

In Wiesbaden standen die Süddeutsche Eisenbahngesellschaft (Wiesbadener Straßenbahn) und die Städtische Straßenbahn in einem wechselvollen und zermürbenden Konkurrenzverhältnis, bis die Konzession der SEG für ihre innerstädtischen Strecken am 1. April 1929 auslief. Städtische Omnibusse übernahmen weitgehend den Verkehr. Friedrich Grünwald hat die SEG-Linien 3 und 4 am 31. März 1929 vor dem Wiesbadener Hauptbahnhof aufgenommen.

Die SEG-Wagen der »Zweihunderter-Serie« waren 1900/1901 von Falkenried und Siemens gebaut worden und hatten später die auffällige Verglasung der Führerstände erhalten. Die Linie 3 lief vom Hauptbahnhof über den Schloßplatz bis zur Station Unter den Eichen. Der modernere »Vierhunderter-Wagen« links im Hintergrund war 1927 bei Gastell und Siemens zusammengebaut worden; die Linie 6 verband das Wiesbadener Kurhaus mit Mainz. Aufnahme 1929.

Die Städtische Straßenbahnlinie in Wiesbaden verkehrte unter der Nummer 7 von Dotzheim nach Bierstadt und hatte ihr kleines Depot mit 21 Ständen und einer Werkstatt in der Bleichstraße. Trotz aller Streitereien mit der SEG arbeitete man vielfältig zusammen, so für größere Reparaturen in der SEG-Werkstätte Biebrich. Dieser Blick auf die geöffneten Hallentore und das spielende Kind ist mit August 1938 datiert. Seit 1955 fährt in Wiesbaden keine Straßenbahn mehr.

In Darmstadt hat Friedrich Grünwald sein Studium absolviert und dabei einige schöne Bilder von HEAG-Straßenbahnen aufgenommen. Diese »Hessische Eisenbahn-Aktiengesellschaft« hatte neben der Städtischen Straßenbahn noch bis 1922 Dampfbahnen in Darmstadt betrieben. Zu den jüngeren meterspurigen Fahrzeugen der Serie ST4 zählte der Triebwagen 70, von MAN und Siemens 1929 gebaut, während der Beiwagen 148 aus einem Triebwagen von 1897 gemacht worden ist. Sie stehen an der Haltestelle vor dem Hauptbahnhof.

Auf der 16,9 km langen Nordsüdlinie 8 von Arheilgen über den Luisenplatz und Eberstadt nach Jugenheim an der Bergstraße setzte die HEAG ab 1936 auch »Schnellzüge« ein, die aus einem Triebwagen und drei Beiwagen bestanden. Für den Überlandverkehr waren 15 schwere Triebwagen der Serie ST2 von 1913/1914 vorhanden, die mit Druckluftbremse ausgerüstet waren. Aufnahme an der Haltestelle Merck vor der chemischen Fabrik im Norden der Stadt.

Am alten Luisenplatz von Darmstadt im Jahre 1937, der um diese Zeit »Adolf-Hitler-Platz« hieß, biegt der »Eberstädter Zug« der Linie 8 aus dem Triebwagen 41 und den Beiwagen 108, 141 und 131 von der Luisenstraße zur Rheinstraße ein. Im Stadtgebiet fuhren die Überlandwagen damals mit der Straßenbahnspannung von 600 Volt, auf den Außenstrecken mit 1200 Volt Spannung.

Auf der Linie 9 von Griesheim mit seinen Gärtnereien und Feldern zum Schloß führte die »Elektrische« in Darmstadt sogar einen Marktwagen mit, also einen offenen Güterwagen für Körbe und Steigen. Sie stehen hier, wohl um 1930, am Marktplatz zur Rückfahrt bereit. Der Triebwagen 64 aus der Serie ST 3 ist 1926 von Gastell und Siemens geliefert worden; als Schienenschleifwagen war er 1989 noch im Bestand.

Vor dem 1912 eröffneten Darmstädter Hauptbahnhof sind fünf Straßenbahnfahrzeuge der HEAG versammelt. Der in der Mitte stehende Triebwagen 26 von 1903 trägt noch einen Lyrabügel, während die Wagen 64 links und 74 rechts mit Scherenstromabnehmern fahren. 1928 wurden in Darmstadt 61 Triebwagen und 47 Beiwagen gezählt; Aufnahmen von 1930.

Während der IV. Internationalen Meisterschaften der Studenten im August 1930 richtete das Verkehrszentralamt der Deutschen Studentenschaft in Darmstadt einen umfangreichen Omnibusbetrieb für die Sportler ein. Wagen von der Reichspost, der HEAG und der Firma Mendel aus Jugenheim warten hier auf neue Einsätze. Die erfolgreiche Aktion brachte Grünwald und seine Kollegen dazu, sogar einen Liniendienst mit dem »Studentibus« einzurichten.

In Gießen besaß die Städtische Straßenbahn nur eine »rote« und eine »grüne« Linie mit 1937 zusammen 8,4 km Streckenlänge. Dieses Bild von einer Zugkreuzung dokumentiert die Haltestelle »Stadt Lich« der »roten« Linie, denn nur auf dieser wurde mit Beiwagen gefahren. Der Stirnscheinwerfer des Triebwagens 4 trägt bereits eine Kriegsblende.

Eine doppelte Kreuzungsweiche auf dem Gießener Marktplatz machte Umleitungen und Wagenwechsel zwischen den Linien leicht. Von 1909 bis 1911 lieferten Hawa und Siemens die 16 kleinen Triebwagen der Grundausstattung; auffallend die fünf Stirnfenster und die sechs Seitenfenster. Hier sind links die Triebwagen 8 zum Friedhof und 5 zum Bahnhof (von Wieseck) auf der »grünen« Linie, rechts die Triebwagen 10 zur Volkshalle und 12 zum Bahnhof auf der »roten« Linie zu sehen.

Moderneres Wagenmaterial erhielt Gießen 1929 in Form von sechs stählernen Triebwagen mit einem passenden Beiwagen von Wismar und Siemens. Sie besaßen Einachsdrehgestelle nach System Kampp wegen der engen Kurven in der Altstadt. Triebwagen 22 wurde im Krieg zerstört, Beiwagen 56 bereits 1942 nach Kattowitz vergeben. Weil die »rote« Linie 1941 durch Obusse ersetzt worden ist, konnte Gießen noch zahlreiche Fahrzeuge nach Dessau, Bingen und Hanau abtreten.

Die Straßenbahnen der Stadt Marburg hatte ihre Meterspurweite von der alten Pferdebahn geerbt. Die beiden am Südbahnhof neben modernen Betonmasten stehenden Triebwagen 4 und 8 wurden 1911/1912 von Credé und Siemens geliefert, die flotte Dachumrandung ist spätere Zutat. Sie liefen auf der einzigen, nur 3,6 km langen Linie zum Hauptbahnhof. Auch in Marburg plante man 1941 die Umstellung auf Obusbetrieb, kam aber erst 1951 zur Einstellung der Straßenbahn.

Eine lange Geschichte ist die Historie der Straßenbahn in Kassel, und nur eine kurze Episode darin war die Führung der Linie 4 durch die Wildemannsgasse in der Altstadt zwischen dem Durchbruch 1936 und der Kriegszerstörung 1943. Die Aufnahme des »Freiheiter Durchbruchs« entstand um 1938, als 122 Triebwagen und 78 Beiwagen in Kassel rollten.

Auf dem Platz vor dem alten Kasseler Hauptbahnhof mit dem Hotel »Fürstenhof« warten Straßenbahnen der Linien 3 und 10 auf ihre Fahrgäste. Die letztgenannte fuhr als Ergänzungslinie nur bis zum »Reichsbahnhof« in Bettenhausen, während die erstgenannte von der Germaniastraße bis zur Ochshäuser Straße mit Anschluß an den Omnibus über eine weitere Strecke verkehrte.

HAUS
Friedho
Fischer Kohlen
Chem. Reinigung
Braubach & Fischer
Färberei
15
15
15

Die Doppelseite ermöglicht nochmals einen großen Blick auf den Marktplatz in Gießen um 1940. Hier begegnen sich die Triebwagen 15 von 1911 und 10 von 1909 an der Ausweiche der »grünen Linie« im engen Seltersweg. Man erkennt leichte Bauartunterschiede der beiden Lieferungen. Recht typisch für Gießen war schon damals die Reklame örtlicher Kaufleute an den Straßenbahnwagen.

Auf der Linie 1 der Großen Kasseler Straßenbahn von Wilhelmshöhe zur Holländischen Straße begegnet uns der Triebwagen 20 von 1926 mit dem alten Dampfbahn-Beiwagen 507 von 1895. Der große Triebwagen gehört zu einer Serie von 13 Fahrzeugen mit Holzaufbau, die Orenstein & Koppel in Anlehnung an ältere Wagen für Kassel gebaut hat.

Ein eigenes Unternehmen war die meterspurige, 1903 für den Personenverkehr und schon 1902 für den Güterverkehr eröffnete Herkulesbahn in Kassel, die anfangs vornehmlich für den Transport von Braunkohle und Basaltstein gedacht war. 1926 gelangte ihre Aktienmehrheit an die Große Kasseler Straßenbahn, die ab 1927 die Betriebsführung übernahm. Erst 1959 ging die Herkulesbahn im Kasseler Straßenbahnnetz auf. Zur geplanten Umspurung kam es nicht mehr; 1966 verkehrt der letzte Zug der Herkulesbahn. Ihr Wagenpark war recht bunt zusammengewürfelt, doch der Triebwagen 28 entstammt einer sieben Fahrzeuge umfassenden Herbrand-Lieferung von 1908/1909. Er steht am Kirchweg zur Fahrt nach Brasselsberg bereit.

Ein Zug der Herkulesbahn von Kassel im Sommer 1937. Sie war als elektrische nebenbahnähnliche Kleinbahn konzessioniert und mit einer größten Steigung von 1:12,5 erbaut worden. Hinter dem Herbrand-Triebwagen ist einer der sieben schönen, holzverkleideten Beiwagen mit Tonnendach zu sehen, die Wegmann 1924/1925 als eine Art von Aussichtswagen geliefert hat. Die Stillegung dieser Bahn 1966 ist weithin betrauert worden.

# *Kapitel 5: Straßenbahnen im deutschen Norden*

*Braunschweig – Hannover – Hildesheim – Celle – Bremen – Bremerhaven – Oldenburg – Hamburg – Altona – Lübeck – Schwerin*

In Braunschweig hat man aus der Pferdebahnzeit die eigentümliche Spurweite von 1100 mm bis zum heutigen Tag beibehalten. Die Linie 3 verkehrte zwischen dem Westbahnhof und Gliesmarode, sie passiert hier den Hagenmarkt. Triebwagen 79 war das erste einer 16 Fahrzeuge umfassenden Serie, die 1927 von der Waggonfabrik Dessau geliefert worden ist. Alle Bilder dieser Doppelseite sind am 6. Mai 1937 eingefangen worden, damals fuhren in der Stadt 94 Triebwagen und 85 Beiwagen.

An seiner Endstation Hagenmarkt steht der Triebwagen 152 der Wolfenbütteler Außenlinie bereit. Mit dieser Strecke hatte 1897 das Zeitalter der elektrischen Bahn in Braunschweig begonnen. Die neun Wagen mit Maximum-Drehgestellen, gebaut 1915 bei Herbrand und der AEG, besaßen wegen ihrer Länge zwei Stangenstromabnehmer. Der zugehörige Uerdinger Beiwagen 253, ebenfalls Baujahr 1915, wirkt mit seinen großen Fenstern und dem Tonnendach recht modern. Die Fahrzeuge liefen bis 1957 auf ihrer Überlandstrecke.

Nur eine kurze Strecke hatte die »vornehme« Braunschweiger Linie 6 zwischen dem bekannten Hauptbahnhof, wo die Aufnahme 1937 gemacht wurde, und dem Stadtpark zurückzulegen. Dieser »Stadtpark-Triebwagen« Nr. 78 ist 1908 von Herbrand/AEG geliefert worden, hat nachträglich geschlossene Plattformen erhalten und wurde im Krieg zerstört.

Bei den »Überlandwerken und Straßenbahnen Hannover AG« (Üstra) waren 1937 auf 158 km Streckenlänge 311 Triebwagen, 271 Beiwagen und über zweihundert Güterwagen im Einsatz. Dieser große Betrieb ist hier mit vielen Aufnahmen von Grünwald vertreten, denn er war dort am Ende der dreißiger Jahre angestellt. Bereits 1938 ein »Oldtimer« war der Rangier-Triebwagen R 58 der Straßenbahn Hannover von 1893/1894, während man seine Geschwister um 1920 ausgemustert hatte. Dahinter der vierachsige Beiwagen 1518, ein 1899 von Falkenried für Altona-Blankenese gebauter früherer Triebwagen, der bei Einstellung dieser Bahn 1921 nach Hannover gekommen ist.

Die weitreichende Ausdehnung des Netzes der »Überlandwerke und Straßenbahnen Hannover« von Großburgwedel im Norden bis Hildesheim im Süden und von Barsinghausen im Westen bis Haimar im Osten illustriert dieses Bild von 1937. Triebwagen 19 ist auf der Linie nach Barsinghausen über einer zugefrorenen Weiche entgleist und blockiert die Weiterfahrt des Wagen 215. Übrigens hat die Üstra als großes Elektrizitätswerk damals auf ihren Masten nicht nur die Straßenbahnfahrleitung, sondern dazu die Hochspannung (6000 Volt), die Speiseleitung für Fahrstrom und die Telefonleitung untergebracht.

Ein ganz besonderer Stolz der Straßenbahn Hannover war ihr 1938 von Credé gelieferte Probezug modernster Ganzstahlbauart aus dem Triebwagen 221 und dem Beiwagen 1041. Die eigenwillige Front des Triebwagens mit dem heruntergezogenen Tonnendach und der geteilten Frontscheibe ist links neben dem für die Stadt typischen stählernen Hawa-Triebwagen 198 in der Hauptwerkstatt Glocksee zu erkennen.

Besondere Merkmale der Innenausstattung des neuen Triebwagens 221 waren die 20 Schrägsitze, ein Fahrerstuhl, selbsttätige Falttüren, Lautsprecher und eine »Luftschutzbeleuchtung« schon 1938. Er war auch auf der »Wagenschau« in Düsseldorf ausgestellt. Dieser Einzelgänger erhielt 1941 Längsbänke und wurde 1948 zum Beiwagen umgebaut.

Dieses Stelldichein im Betriebsbahnhof Glocksee hat Friedrich Grünwald 1938 wohl selbst arrangiert, um die modernsten Fahrzeuge der Üstra nebeneinander zu zeigen. Links nochmals der Versuchstriebwagen 221 von Credé mit den abgerundeten Seitenfenstern, daneben der Obus 101 von Daimler-Benz und der dreiachsige Büssing-NAG-Trambus 54 mit 140-PS-Unterflurmotor. Eindrucksvoll leuchtet der hellgelbe Anstrich der neuen Fahrzeuge.

Eigentlich einen in Hannover weit verbreiteten Triebwagentyp der Zeit nach dem Ersten Weltkrieg, aber doch eine Besonderheit zeigt dieses Bild. Nur zwei Versuchstriebwagen in dieser fünffenstrigen Bauart haben Hawa und Bergmann 1925 an die Straßenbahn Hannover geliefert, während der nachfolgende Serientyp nur noch vier Seitenfenster bekam. Mit dem Holzaufbau und dem Laternendach wirkten sie damals schon etwas überholt. Wagen 71 wurde 1963 ausgemustert.

Am Ernst-August-Platz vor dem Hauptbahnhof in Hannover stand das Palasthotel »Rheinischer Hof« für seine Gäste bereit. Die Bahnhofstraße, die hier nach links abgeht, hieß damals »Adolf-Hitler-Straße«, und auch der Platz war so benannt. Der Höchstpreis für ein Zimmer mit Bad in diesem Hotel lag 1936 bei 10 Mark. Vorn der Straßenbahn-Triebwagen 172 auf der Linie 5 zwischen Tiergarten und Fischerhof.

Immer wieder hat die Straßenbahn bei Massenveranstaltungen gezeigt, was sie zu leisten vermochte. Zum Flugtag mit den dicken Fesselballons in Vahrenwald sind am 25. September 1938 die Triebwagen 86 und 167 als E-Wagen sowie ein Zug der Linie 9 in Richtung Wiesenau für ihre schaulustigen Fahrgäste herankommen. So sahen die typischen Üstra-Züge von 1927 bis in die fünfziger Jahre aus.

An der Endstation der Linie 19 in Langenhagen-Autobahn steigen die Fahrgäste aus dem Triebwagen 137 und dem Beiwagen 1902 zur Weiterfahrt nach Langenhagen-Stadtmitte in den schon einmal gezeigten, hier zweifarbig lackierten Oberleitungsbus 101 um. Seit August 1937 versah der Obus statt der Straßenbahn den Personenverkehr zwischen Wiesenau und Langenhagen. Man beachte das Haltestellenschild. Das Wort »Kriegsschule« im Zielschild von 1938 macht nachdenklich.

Die Sonder- und Arbeitsfahrzeuge der Straßenbahnen sind ein leicht vergessenes Kapitel der Nahverkehrsgeschichte. Dieser Straßensprengwagen Nr. 2 war Eigentum der Stadt Hannover; sein Kessel faßte 12000 Liter Wasser. Baujahr um 1911, Aufnahme mit nachträglich verglasten Führerständen um 1938.

Als Werbeträger für die zum 1. Januar 1938 durchgeführte Tarifsenkung bei der Straßenbahn Hannover ist dieser Triebwagen hergerichtet worden. Die glatten Wände des Kastens waren recht einfach mit wechselnden Botschaften zu bekleben.

Sogar zur »Dampflokomotive« hat man 1938 in Hannover einen Straßenbahnwagen umgestaltet. Hier steht das Wunderwerk auf dem Betriebshof Glocksee. Mit offenen Wagen für hundert Kinder von Straßenbahnern schleppte sie den »D-Zug ins Glück« der NS-Volkswohlfahrt zum Bahnhof, wo die Kleinen ihre gemeinsame Ferienreise begannen. Im Sommer 1939 stellte man in Hannover die ersten Schaffnerinnen ein, 1940 arbeiteten bereits 360 Frauen im Fahrdienst.

Als schwere Personen- und Gütertriebwagen für den Überland- und Vorortverkehr um Hannover hat van der Zypen zur Jahrhundertwende eine Serie von 30 Fahrzeugen geliefert, von denen viele später noch umgebaut worden sind. Sie wurden gern als »Maschinen« bezeichnet. Der 1934 auf diese Weise neugestaltete geschlossene Milchwagen W 19 mit Schiebetüren, um 1940 in Glocksee aufgenommen, weist auf den umfangreichen Güterverkehr der Üstra hin.

Auch dieser grüne Triebwagen gehört zur Serie der stabilen »Maschinen« Nr. 344 bis 373 von 1898/1899, die van der Zypen für den Vorortverkehr gebaut hatte, und die in späteren Jahren häufig zu Arbeitswagen, Bockmaschinen und dergleichen umgearbeitet worden sind. Hier wird der Kesselwagen für Unkrautvernichtungsmittel zur Nachfüllung am Hydranten aufgestellt. Das »B« der Wagennummer stand für die Bahnmeisterei.

Es ist vor hundert Jahren nicht immer leicht gewesen, die Schienen der Pferdebahn oder der Straßenbahn in die engen deutschen Altstädte zu legen. Der Blick hinter das Rathaus von Hannover, einen spätgotischen Backsteinbau aus dem 15. Jahrhundert, zeigt die Verschlingung der Gleise in der Marktstraße. So wurden zwei Richtungsgleise ohne Weichen ineinandergelegt. Im Hintergrund huscht ein Triebwagen quer über die Grupenstraße.

Blick auf allerhand abgestellte Reservewagen der Üstra im Betriebsbahnhof Döhren im Jahre 1938. Ganz vorn der Beiwagen 411, gebaut 1898 bei van der Zypen, dahinter Beiwagen 824, Triebwagen 289 und 318 sowie Rangiertriebwagen R 53. Als letztes Fahrzeug der Reihe ist ein schon damals historischer Pferdeomnibus zu sehen.

Schneeverwehungen gehörten zu den besonderen Plagen des Straßenbahnbetriebs im Flachland um Hannover. Zur Bergung des bei Benthe steckengebliebenen Triebwagens 215 mußte das Personal im Januar 1937 selbst zur Schaufel greifen und auch im anliegenden Gehöft um Pferdevorspann bitten. Die fünfzig Stahlwagen der Nummernreihe 171 bis 220 wurden 1928/1930 bei der Hawa gebaut; sie hatten ihre Domäne im Überlandverkehr.

10 Barsinghausen
215

Für ihren weitreichenden Güterverkehr hat sich die Straßenbahn Hannover insgesamt sechs als »Bockmaschinen« bezeichnetet Gütertriebwagen verschafft, die auch Reichsbahnwagen mit Puffern und Schraubenkupplungen übernehmen konnten. Ein Musterfahrzeug baute man selbst, fünf Bockmaschinen kamen zwischen 1910 und 1920 von Schörling als Umbauten aus den schon genannten Überlandmaschinen von 1898/1899; links der Blick in den spartanischen Führerstand eines solchen Geräts.

Aus einer »Maschine« von 1899 ist schon 1910 für die Straßenbahn in Hannover die Bockmaschine 375 gemacht worden. Hier ist sie zum Feierabend abgestellt auf dem Betriebshof Glocksee. Wichtige Frachtgüter der Üstra waren die Kohle aus dem Deister für die eigenen Kraftstationen sowie Baustoffe, Getreide und Zuckerrüben, aber auch Brot, Bier und Särge. Sogar einen »Gemüsezug« und einen »Erdbeerzug« hat es gegeben.

Zu den bekanntesten Aufnahmen von Friedrich Grünwald dürfte dieses Bild der »Bockmaschine 344« mit einem Zuckerrübenzug in Gehrden am Bahnhof an der Barsinghauser Strecke gehören. Für seinen fotografierenden Kollegen hat sich das Zugpersonal schön in Positur gestellt. 1928 arbeiteten über 2500 Menschen bei der Üstra.

Am Hauptgüterbahnhof Braunstraße in Hannover 1938. Vor dem Ladeschuppen wartet der moderne Stückguttriebwagen 805; er gehört zu einer Gruppe von sieben fahrgestellosen Stahlfahrzeugen, die 1929/1930 beschafft worden sind. Sie konnten bis zu 8 t Nutzlast oder 256 Milchkannen in besonderen Gestellen aufnehmen. 1937 hatte die Üstra den Milchverkehr wohl gestrichen, mußte ihn im Krieg aber wieder aufnehmen. Rechts ist der alte Milchwagen 2618 vor einem weiteren Güterwagen abgestellt.

Regelrechten Fernverkehr leistete die Üstra zwischen Hannover und Hildesheim über Sarstedt. Hier war die Straßenbahn billiger als die Reichsbahn; es liefen schwere vierachsige Fahrzeuge im stündlichen Schnellverkehr auf der 30,5 km langen Außenlinie. Triebwagen 702 war einer der beiden 1927 von der Waggonfabrik Uerdingen und den Bergmann-Elektrizitätswerken für die Linie 11 gelieferten weiß-roten Stahlwagen mit Polstersitzen, zu denen auch vier passende Beiwagen angeschafft wurden.

In der Domstadt Hildesheim rollte eine Straßenbahn nur zwischen 1905 und 1945. Zum Entstehungszeitpunkt der beiden Aufnahmen um 1938 waren drei Linien, 20 Triebwagen und 10 km Streckenlänge vorhanden. Den Triebwagen 18, der hier vor dem alten Hildesheimer Hauptbahnhof zu sehen ist, hat Falkenried 1913 geliefert. Seine Plattformen hat man nachträglich verglast, die Türen links vorn waren für den Einmannverkehr verschlossen worden. Beiwagen hatte Hildesheim schon 1918 abgeschafft.

Begegnung zwischen den Straßenbahnen von Hildesheim und Hannover am Bahnhof Hildesheim im Jahre 1938. Links erwartet ein Üstra-Zug der Linie 11, bestehend aus dem 1905 bei Hoffmann in Breslau gebauten vierachsigen Triebwagen 701 und seinem Beiwagen 506, die Zeit der Rückfahrt an die Leine, während rechts der Hildesheimer Triebwagen 14 auf Linie 3 zur Struckmannstraße eilt.

Vor den typischen Fachwerkhäusern der Altstadt von Celle am Markt entstand diese Aufnahme des meterspurigen Triebwagens 8 im Mai 1937. Er ist 1929 von Heine & Holländer in Elze mit Elektrik aus dem Sachsenwerk gebaut worden und war für Einmannbetrieb mit versetzten Türen eingerichtet. Das rein innerstädtische Netz der Celler Straßenbahn war damals nur 5,2 km lang, und acht blau-weiße Triebwagen bildeten den ganzen Fahrzeugbestand.

Eine große Umsteigehalle aus Eisenbeton hat die Straßenbahn in Bremen bei ihrem Betriebsbahnhof in Gröpelingen besessen. Hier wechselte man zwischen der Linie 2 von und nach Sebaldsbrück (links) und einem Zug der Linie 8 von Gröpelingen nach Burg im Norden der Stadt (rechts). Der Triebwagen 40 gehörte zu den 147 in der Werkstatt Walle gebauten »Langsitzern« der elektrischen Erstausstattung aus den Jahren 1900 bis 1907, deren Plattformen nachträglich verglast worden sind.

Charakteristisch für Bremens Straßenbahn waren die 75 gut gestalteten und ausgestatteten »Hansawagen«, die Nordwaggon und die AEG zwischen 1913 und 1929 geliefert hatten. Sie machten fast ein Drittel des Vorkriegsbestandes von 238 Triebwagen aus. Der Wagen 212 von 1913 und der Hansa-Beiwagen 560 sind in diesem Bild von 1938 auf dem Bremer Markt vor Rathaus und Dom auf Linie 2 zum Industriehafen in Gröpelingen zu sehen.

Als Lenkdreiachser mit Stahlaufbau für die Zukunft beschaffte Bremen 1937 je einen langen Probewagen von Westwaggon und Uerdingen, von denen der letztgenannte hier nagelneu am Markt auf der Linie 4 zwischen Horn und Arsterdamm eingesetzt ist. Er zeigt rote Zierstreifen und ein neues »Rolandwappen« auf der cremefarbenen Seitenwand. Dieses Modell wurde nicht weitergeliefert, und der Prototyp ging im Krieg verloren.

Die Straßenbahn von Bremerhaven wird durch den zur Erstausstattung des Jahres 1908 gehörenden Triebwagen 58 von Nordwaggon und AEG mit dem neulackierten Beiwagen 5 repräsentiert. Auffallend die Bremsluftkupplung für Dreiwagenbetrieb und die große Dachlaterne für die Liniennummer. Einsatz auf der Linie 3 zwischen dem Bahnhof Lehe und dem Wulstorfer Fischereihafen. Erst 1939 begann in Bremerhaven die Umstellung vom Rollenstromabnehmer auf den Scherenbügel.

In Oldenburg hat es nach der kurzlebigen Pferdebahn von 1884 bis 1888 und einigen Kraftomnibussen im öffentlichen Nahverkehr erst wieder Fortschritte gegeben, als im September 1936 die Firma Pekol mit sieben Obussen von Daimler-Benz nebst Anhängern den Dienst aufnahm. Am Markt in Oldenburg nahm dieses Netz von fünf Linien seinen Ausgang, während in anderen Städten nur einzelne Strecken bestanden. Zwischen 1955 und 1957 endete hier der Betrieb mit den »Trollibussen«.

Unverkennbar ein Straßenbahnwagen aus Hamburg, aber von Friedrich Grünwald im November 1938 bei der Wagenschau am Rhein in Düsseldorf aufgenommen. Es handelt sich bei diesem Fahrzeug 3035 um den kurz zuvor durchgeführten Umbau eines 1928 gelieferten Vierachs-Beiwagens des Typs V2 von Falkenried und AEG mit moderner Elektrik, verlängerten Plattformen, fernbedienten Teleskoptüren und Raucherabteil.

In Altona, das bis 1937 noch preußisch war und als eigene Großstadt neben Hamburg sein Dasein führte, hatte die 8 km lange elektrische Bahn nach Blankenese bereits 1921 Konkurs angemeldet und ihre Triebwagen nach Hannover und Utrecht verkauft. Mit einem Omnibusbetrieb zwischen dem Rathausmarkt in Altona und dem noblen Vorort Blankenese versuchte die »Verkehrs-AG Altona« die Fahrgäste zufriedenzustellen, die nicht mit der Staatsbahn fahren wollen. Der NAG-Omnibus steht in Bahrenfeld.

Eine Hamburger Spezialität war die im September 1920 eingeführte Ausrüstung von Straßenbahnwagen mit Briefkästen. In allen Zügen, die über Hauptbahnhof oder Stephansplatz rollten, konnten so von den Außenbezirken Eilbriefe, Telegramme und andere dringende Post aufgegeben werden. Hier leert ein Postbeamter den Kasten. Die Linie 16 verkehrte damals zwischen Billstedt und Hagenbecks Tierpark. Auch auf der Frankfurter Lokalbahn und in Ybbs gabe es Briefkästen an Straßenbahnen.

Rund vierzig Straßenbahnlinien verkehren 1928 in Hamburg, als diese Aufnahme des vierachsigen Triebwagens 3013 auf dem »Alsterring«, der Linie 18 über Winterhude und Rathausmarkt, am Hauptbahnhof angefertigt wurde. Er gehörte zu den 30 Fahrzeugen des damals ganz neuen Großraumtyps V2, besaß aber noch einen Holzaufbau. Da diese Wagen oft ohne ihre Beiwagen liefen, hat man letztere zu Triebwagen umgestaltet.

Reges Hafenleben mit Dampfschleppern und Barkassen herrscht in diesem Bild aus dem Jahre 1928. Ein Dreiwagenzug der Hamburger Hochbahn ist auf dem Ring unweit der Haltestelle Baumwall am Sloman-Haus unterwegs. Bis 1931 war das Netz der Hochbahn auf 68 km Länge erweitert, der Fahrzeugbestand auf 383 Stück angewachsen. Rechts im Hintergrund ist die Nikolaikirche zu erkennen.

Jeder Verkehrsfreund richtet sein Augenmerk in Hamburg auf die elektrische Hoch- und Untergrundbahn. Der 17,5 km lang »Ring« durch die Innenstadt mit seinen 23 Haltestellen war seit 1912 im Betrieb. Als Friedrich Grünwald die Freie und Hansestadt 1928 besuchte, nahm er diese Rampe von der Hochbahn zur Tunnelstrecke zwischen den Stationen Rödingsmarkt und Rathaus auf. Rechts der Mönckedamm.

Hoch über Hamburgs Straßen rollt die Bahn an Kontoren und Wohnhäusern vorüber. Die Kleidung der Menschen, die Leiter des Lampenputzers, das Pferdefuhrwerk und der Elektrolastwagen können jeweils für sich eine kleine Geschichte aus der Zeit von 1928 erzählen. Auch der Rödingsmarkt ist heute nicht mehr wiederzuerkennen.

AUSSCHANK

Szene am Glockengießerwall gegenüber der Kunsthalle in Hamburg 1928. Trotz der Ampelanlage regelt ein berittener Polizist den Verkehr. Die Straßenbahnlinie 7 von Altona nach dem Barmbecker Stadtpark trägt auf dem Dach noch den fünfzackigen Stern als traditionsreiches »Dachzeichen«, an dem jeder Fahrgast bis 1935 »seine« Linie erkennen konnte. Rechts fährt ein Wagen der Linie 15 in Richtung Altona, während ein helles »Hanomag-Kommissbrot« aus Richtung Ernst-Merck-Brücke in den Glockengießerwall einbiegt.

In der Hansestadt Lübeck fuhr die Straßenbahn auf der seltenen, aber auch in Kiel angewandten Spurweite von 1100 mm; elektrisch ausgestattet von der AEG 1894. Im Jahre 1939 waren dort 66 Triebwagen und 42 Beiwagen, aber auch vier Elektrolokomotiven und 25 Güterwagen im Einsatz. Der Triebwagen 29 ist hier auf der Linie 11 vom Markt über Hauptbahnhof zur Schwartauer Allee eingesetzt und steht auf dem Rathausplatz zur Abfahrt bereit.

Blick in den Betriebsbahnhof der Lübecker Straßenbahn in der Roeckstraße mit dem Triebwagen 96 vor Beiwagen 140, aufgerüstet für den Einsatz auf der Linie 14. Schon in den dreißiger Jahren war die Umstellung des Netzes auf Omnibusbetrieb vorgesehen, doch kam es durch den Krieg erst im November 1959 zur letzten Fahrt einer Straßenbahn in der Stadt an der Trave.

Die Lokomotive Z 4 auf der Lübecker Straßenbahn war eine klassische AEG-Maschine für industrielle Aufgaben. Sie ist hier vor offenen Loren mit Aushub auf dem Betriebsbahnhof Roeckstraße zu sehen.

Der Triebwagen 20 der Städtischen Werke Schwerin (Mecklenburg) hatte es Friedrich Grünwald bei seinem Besuch in den dreißiger Jahren besonders angetan, denn es handelte sich um einen modern gestalteten Mitteleinstiegs-Stahlwagen der Waggonfabrik Wismar mit 12,3 t Gesamtgewicht, geliefert unter Wagennummer 39 im Jahre 1929, später umgezeichnet in Nummer 1.

Die regelspurige Straßenbahn von Schwerin ist 1908 eröffnet worden. Dieser Triebwagen 20 verkehrte auf der Linie 3 von Sachsenberg über Hauptbahnhof nach Zippendorf, die im Bereich der Stadt zweigleisig ausgebaut war. Die Straßenbahnen von Warnemünde, Rostock und Stralsund hat unser Fotograf leider nicht besucht.

# *Kapitel 6: Straßenbahnen in und um Berlin*

*Brandenburg – Potsdam – Schöneiche – Woltersdorf – Frankfurt an der Oder – Berlin*

Die fünf Straßenbahnlinien in der Stadt Brandenburg an der Havel wurden noch bis 1955 nur durch Kennfarben unterschieden. Hier warten vor dem Hauptbahnhof (um 1938) der Triebwagen 12 auf der »grünen Linie« zur Mühlentorstraße und der Triebwagen 33 auf der »blauen Linie« zur Landesanstalt Görden. Die Wagen sind von Lindner in Ammendorf 1911 bzw. 1913 mit Bergmann-Elektrik gebaut worden.

Seitenansicht des meterspurigen Brandenburger Triebwagens 11, eingesetzt auf der »roten Linie« vom Reichsbahnhof über den Neustädtischen Markt und das Altstädtische Rathaus zum Altstadt-Bahnhof der Brandenburgischen Städtebahn. Diese Strecke war 1911 als erste in Brandenburg elektrisch befahren worden.

Das war ein klassischer Brandenburger »Dreierzug«, denn gleich mit zwei Beiwagen steht hier die »blaue Linie« am Hauptbahnhof vor der Abfahrt in Richtung Landesanstalt bereit. Der Triebwagen 36 war ein 1926 von Lindner und Bergmann gebautes Einzelstück, die Beiwagen stammten aus dem Anfangsjahr 1911.

Im Jahre 1907 hat in Potsdam die Ära der elektrischen Straßenbahn mit 29 regelspurigen Triebwagen von Lindner begonnen. Der Wagen 17, dessen Plattform nachträglich verglast worden ist, war auf der Linie 4 von Nowawes (ab 1938 Babelsberg) in die Potsdamer Innenstadt zum Wilhelmsplatz (heute: Platz der Einheit) eingesetzt. Die Aufnahme entstand an der Endstelle in Nowawes; das Fahrzeug ist im Krieg zerstört worden.

Im waldreichen Südosten Berlins wurde 1910 eine Benzolbahn vom Bahnhof Friedrichshagen nach Schöneiche und 1912 eine Benzolbahn von Schöneiche nach Kalkberge (Rüdersdorf) eingerichtet. Die gesamte meterspurige Strecke wird seit 1914 elektrisch betrieben. Der Triebwagen 1 von Lindner und der AEG (1914) steht hier mit dem Beiwagen 19 von Lindner (1928) abfahrbereit an der Endstelle in Friedrichshagen.

Zwischen der »Waldgartenstadt Schöneiche« und dem Berliner Villenvorort Friedrichshagen rollte die Straßenbahn seitlich neben der Landstraße durch die märkischen Wälder. Triebwagen 1 und Beiwagen 19 nähern sich von Nordosten dem Bahnhof Friedrichshagen an der S-Bahn-Strecke nach Erkner.

Draußen bei Friedrichshagen ist auch eine Strekke der BVG in Betrieb, nämlich die Straßenbahn von Berlin über Treptow, Niederschöneweide und Köpenick nach Rahnsdorf. Die Linie 187 teilte sich von der Behrenstraße im Stadtzentrum bis nach Köpenick den Streckenverlauf mit der Linie 87, rollte dann aber allein weiter südlich der Eisenbahn in Richtung Erkner bis nach Rahnsdorf am Müggelsee. Die Linienlänge der 187 betrug 25,8 km.

Ganz in der Nähe von Schöneiche, aber ohne Verbindung mit der dortigen Straßenbahn, wurde 1913 die 5,6 km lange regelspurige Straßenbahn vom Bahnhof Rahnsdorf zur Woltersdorfer Schleuse eröffnet. Wieder galt es, einen durch Grundstückserschließung heftig wachsenden Ort mit der Staatsbahn in Richtung Berlin zu verbinden. Die ersten vier Triebwagen 1 bis 4 haben Orenstein & Koppel und die AEG geliefert.

Der Triebwagen 2 der Woltersdorfer Straßenbahn aus dem Jahre 1913 ist heute noch als Museumswagen erhalten. Nach dem Zweiten Weltkrieg hat sich dieser Betrieb überwiegend mit gebrauchten Fahrzeugen von anderen Bahnen beholfen, so auch mit ehemaligen BVG-Wagen. Beide Bilder sind um 1935 an der Nordseite des Bahnhofs Rahnsdorf aufgenommen worden.

Die meterspurige Straßenbahn in Frankfurt an der Oder ist bereits Anfang 1898 in Betrieb gegangen und gehört damit zu den älteren Betrieben in Deutschland. Die neun kleinen Triebwagen aus der Kölner Waggonfabrik van der Zypen & Charlier (Baujahr 1897) waren 1928 noch ohne Führerstandsverglasung im Betrieb. Sie wurden zuletzt auf der kurzen Verstärkungslinie E zwischen dem Bahnhof und dem Wilhelmsplatz (heute: Platz der Republik), dem Verkehrsknotenpunkt in der Altstadt, eingesetzt. Der Beiwagen 59 stammt ebenfalls von der Jahrhundertwende.

Hier am Alexanderplatz schlug das Herz der alten Reichshauptstadt Berlin, und Alfred Döblin hat dem Leben und Treiben um den alten »Alex« ein literarisches Denkmal gesetzt. Mit der Errichtung der beiden Hochhäuser von Peter Behrens und mit dem Bau der Untergrundbahn nach Friedrichsfelde war der Alexanderplatz 1930 vollkommen neugestaltet worden. Einen Blick in Richtung Königstraße (heute: Rathausstraße) und Rathaus mit dem lebhaften Berliner Stadtverkehr gestattet diese Aufnahme.

Die große dreigleisige Straßenbahnhaltestelle auf dem Alexanderplatz wird von Zügen der Linie 64E nach Hohenschönhausen und der Linie 74 zur Kniprodestraße (heute: Artur-Becker-Straße) angefahren. Der Triebwagen 3291 (links) gehört zum Typ T 08/24, einem Umbau aus früheren Beiwagen der Straßenbahn der Stadt Berlin, während der Triebwagen 5710 den bekannten Typ T 24 vertritt.

Am alten Alexanderplatz befand sich ein großer Knotenpunkt vieler Berliner Straßenbahnlinien. Hier sind die Linie 62 von Weißensee zum Betriebshof Charlottenburg und die Südring-Linie 6 zu sehen. Der zehnfenstrige Maximum-Triebwagen 5244 war von der Großen Berliner Straßenbahn 1910 beschafft, 1925 umgebaut worden und trug später die Typenbezeichnung T D07/25, der Triebwagen 5985 gehörte zum allgegenwärtigen Typ T 24.

Von der Straße Am Kupfergraben im Herzen Berlins, deren Stadtbahnüberführung im Hintergrund zu sehen ist, war die Straßenbahnlinie 75 bis nach Hakenfelde siebzig Minuten unterwegs, um ihre 20,5 km lange Route über Brandenburger Tor, Knie (heute: Ernst-Reuter-Platz), Heerstraße und Pichelsdorf zurückzulegen. Der Triebwagen 6048 gehörte zur gängigen Berliner Serie T 24, einer fahrgestellosen Ganzstahlbauart.

Die berühmten Berliner Triebwagen der Serien T 24 und T 25, von der 501 Stück mit 803 Beiwagen der Typen B 24 und B 25 zwischen 1924 und 1926 beschafft worden sind, gehörten jahrzehntelang einfach zum Straßenbild der Stadt. Es war die größte jemals für eine Stadt ausgeführte Straßenbahnwagenserie einheitlicher Bauart. Hier steht Triebwagen 6192 mit Beiwagen 158 auf dem Schloßplatz; er kommt als Linie 72 von Weißensee und soll über den Zoo und die Kantstraße bis nach Pichelsdorf fahren. Der einfarbige Elfenbeinlack war bei der BVG seit Winter 1934/1935 in Gebrauch.

Auch den Triebwagen 3478 des Typs TM 36 der BVG hat Friedrich Grünwald am Schloßplatz gesehen, und zwar auf der Linie 199 von Niederschönhausen über Rosentaler Platz und Schloß zum Halleschen Tor und weiter nach Tempelhof und Marienfelde. Diese Mitteleinstiegswagen mit der fortschrittlichen Schützensteuerung für Mehrfachtraktion waren voller Hoffnung von 1927 bis 1929 gebaut worden, mußten aber wegen einiger Mängel 1931 stillgelegt werden; sie wurden nach Umbau zwischen 1934 und 1938 wieder in Betrieb genommen. Man erkennt die Starkstromkabel an der Stirnwand.

Der Berliner »Lindentunnel« diente den Straßenbahnen von 1916 bis 1945 und nochmals 1950/1951 zur Unterquerung der großen Prachtstraße zwischen dem Opernhaus und der Neuen Wache, weil man den Boulevard von störenden Fahrleitungen freihalten wollte. Der zuvor hier seit 1902 übliche Unterleitungsbetrieb hatte sich nicht bewährt. Blick auf die Nordrampe zwischen Singakademie und Universität. Die Linie 132 ist (um 1929) von der Reinickendorfer Teichstraße nach der Köllnischen Allee in Neukölln unterwegs.

Versuchsweise beschaffte die BVG 1930 zwei Gelenktriebwagen des Typs TG 29. Die vierachsigen Wagen mit schwebendem Mittelteil waren 23,15 m lang und konnten bis zu 162 Fahrgäste aufnehmen; sie besaßen einen aufwendigen Kardanantrieb. Die beiden Fahrzeuge 6211 und 6212 waren meist auf der Linie 74 von Lichterfelde über Steglitz, Schöneberg, Leipziger Straße, Rathaus und Königstor zur Kniprodstraße (heute: Arthur-Becker-Straße) eingesetzt. Das Bild zeigt den Wagen am Königstor.

Nochmals der Gelenktriebwagen 6211 auf der Linie 74, diesmal in Richtung zur Zehlendorfer Straße (heute: Finckensteinallee) in Lichterfelde, gesehen am gerade umgestalteten Alexanderplatz 1930. Auf der Stadtbahnbrücke im Hintergrund passiert ein elektrischer S-Bahn-Zug das Kaufhaus Wertheim an der Königstraße. Straßenbahn-Gelenkwagen gleicher Bauart liefen auch in Leipzig und Dresden.

Blick über den belebten Potsdamer Platz in die Königgrätzer Straße (heute: Friedrich-Ebert-Straße) mit dem 1924 gebauten »Verkehrsturm«, dessen Ampeln von einem im Glashaus sitzenden Polizisten gesteuert wurden. Links kommt ein Bus der Linie A 28 vom Westhafen (Bahnhof Beusselstraße) zum Halleschen Tor heran, während der Straßenbahnzug auf der Linie 1, dem »Stadtring«, rollt.

Passend zu den Mitteleinstiegs-Triebwagen wurden zwischen 1928 und 1930 von der BVG fünfzig ungewöhnliche Niederflur-Beiwagen mit »Losrädern« von den Waggonfabriken in Niesky und Bautzen beschafft; Typ BM 28. Aufnahme im gelb-weißen Anstrich des Jahres 1929 vor dem Kaufhaus Wertheim in der Leipziger Straße auf der Linie 88 nach Schönholz. Die Bauart der Beiwagen ohne Achsen bewährte sich nicht, so daß sie 1935/1937 umgebaut wurden.

Recht modern muteten die geräumigen vierachsigen Mitteleinstiegs-Beiwagen des Typs BDM 26 an, von denen die BVG fünfzig Exemplare besaß. Sie waren 1926 bestellt und in den Jahren 1928 und 1929 ausgeliefert worden. Die Aufnahme (um 1928) vor dem Wertheim-Warenhaus in der Leipziger Straße zeigt den Wagen 1524 auf der Linie 69 vom Südwestkorso in Friedenau nach der Friedrichsfelder Kirche.

Die imponierende Oberbaumbrücke im Osten Berlins ist 1894–1896 im Stil der märkischen Backsteingotik nach Plänen von Otto Stahn erbaut worden; Vorbild waren wohl die Prenzlauer Stadttore. Die Brücke trägt auf ihrem zinnengeschmückten Obergeschoß seit 1902 die Gleise der Hochbahn, unten liegt eine Straße mit Straßenbahngleisen. Links vom Fotografen ist der Bahnhof Stralauer Tor (ab 1924: Osthafen) zu denken.

Ein zehnfenstriger Maximum-Triebwagen der Großen Berliner Straßenbahn von 1912, nun bereits im weiß-gelben BVG-Anstrich, auf der Linie 4E (Görlitzer Bahnhof über Warschauer und Elbinger Straße bis Augustenburger Platz im Wedding). Die Aufnahme entstand um 1930 vermutlich auf einer Zuführungsfahrt in der Camphausenstraße (heute: Körtestraße); der Fahrer steht noch auf der offenen Plattform. Links im Hintergrund ist der später zum »Fichtebunker« umgebaute Gasometer der Englischen Gasanstalt zu sehen.

Lager
BAD
78
78
5369

*Linke Seite oben:*
Blick in die Hardenbergstraße am Steinplatz im Jahre 1929. Links die Hochschule für Musik, im Hintergrund der Bahnhof Zoo und die Kaiser-Wilhelm-Gedächtniskirche, Es naht ein Straßenbahnzug der Linie 5, die auf dem »Außenring« unterwegs war. Die letzte West-Berliner Straßenbahn (Linie 55) befuhr bis zum 2. Oktober 1967 ebenfalls die Hardenbergstraße.

*Linke Seite unten:*
Berliner Straßenleben von 1928 an der Kreuzung der Wilmersdorfer Straße und der quer dazu verlaufenden Kantstraße in Charlottenburg verkörpert diese Aufnahme mit der Straßenbahnlinie 78 auf dem Weg vom Roseneck über Brandenburger und Schönhauser Tor bis zur Weißenburger Straße Ecke Danziger Straße am Prenzlauer Berg.

Mehr als ein halbes Dutzend Ringstrecken wurden von den Straßenbahnen in Berlin befahren, darunter die Linie 4 als »Ost-West-Ring« vom Hermannplatz über Görlitzer Bahnhof, Warschauer Brücke, Baltenplatz, Elbinger und Danziger Straße, Weddingplatz, Augustenburger Platz, Stromstraße, Lützowplatz, Potsdamer Bahnhof und Hallesches Tor wieder zum Hermannplatz. Der Triebwagen 3702 ist ein vollkommener Umbau der NAG von 1933 aus einem Berolina-Wagen von 1899. Wegen seiner getrennten Abteile für Raucher und Nichtraucher hatte dieser Typ T 33U den Beinamen »Stube und Küche«; aufgenommen am Rudolf-Virchow-Krankenhaus.

Große städtebauliche Bedeutung haben in Berlin die Betriebshöfe der Omnibus- und Straßenbahngesellschaften erlangt. Einen Höhepunkt unter diesen bildete der 1925–1927 angelegte riesige Straßenbahnhof an der Müllerstraße im Wedding nach den Plänen von Jean Krämer; sehr expressionistisch gestaltet. Eine »ganze Straßenbahnstadt« mit Raum für 320 Wagen und Wohnungen für 380 Familien war hier entstanden.

Eine eigenartige Verkehrsampel hängt über der Kreuzung der Invalidenstraße mit der quer verlaufenden Chausseestraße, an der sich zwei Straßenbahnzüge der Linie 51 (Roseneck–Nordend) begegnen. Dahinter ein Bus der Linie A 6 zum Bahnhof Charlottenburg, vermutlich auf einer Zuführungsfahrt vom Betriebshof Usedomer Straße.

Vor dem Stettiner Vorortbahnhof wartet der Triebwagen 5326, einer der 75 im Jahre 1908 gebauten elffenstrigen Maximum-Wagen von den vormaligen Straßenbahnen der Stadt Berlin, auf seine Abfahrtszeit. Die Linie 63 brachte ihn über Weißensee, Schlesischen und Görlitzer Bahnhof bis zum Rathaus in Britz. Aufnahme von 1928. Bei Gründung der BVG im Januar 1929 rollten auf Berlins Straßenbahnen 1859 Triebwagen, 1789 Beiwagen sowie 595 Arbeitsfahrzeuge.

Die Allgemeine Berliner Omnibus-AG (ABOAG) war der bestimmende Faktor unter den Busbetrieben der Reichshauptstadt geworden, bis sie 1929 in der neugegründeten BVG aufging. Am Stettiner Bahnhof sind der offene Decksitzwagen 284 (Baujahr 1925) und einer der ersten Doppeldecker, Wagen 286 (Baujahr 1925/1926), auf der Linie 5 zu sehen, die über Bahnhof Friedrichstraße, Leipziger Straße, Potsdamer Bahnhof, Schöneberg und Friedenau zum Rathaus Steglitz fuhr.

Schnappschuß vom Oberdeck eines ABOAG-Omnibusses am Bahnhof Friedrichstraße in Richtung Süden auf einen entgegenkommenden Decksitzbus der Linie 25 zum Gesundbrunnen. 1928 verfügte die ABOAG über 4300 Mitarbeiter und 580 Wagen.

Von den schweren dreiachsigen Doppeldeckeromnibussen des Typs BüD 3 hatte die ABOAG 1928 noch 100 Stück beschafft; sie besaßen von Anfang an geschlossene Plattformen. Der Bus 868 trägt bereits das BVG-Wappen. 1934 gehörten (nach den Angaben in »Die BVG und ihr Betrieb«) zu dem Riesenunternehmen 485 Doppeldeck-Omnibusse, 84 Eindecker und 21 Ausflugswagen. Aufnahme um 1934 im Einsatz auf Linie A 9 von Pankow zum Hochmeisterplatz in Wilmersdorf vor der Neuen Wache und der Universität in der Straße Unter den Linden.

*Linke Seite oben:*
Der erste moderne Obusbetrieb in Berlin wurde 1933 mit der Linie A 31 von Spandau Hauptbahnhof nach Staaken aufgenommen, dem 1935 die Linie A 32 vom Breitenbachplatz nach Marienfelde folgte. 1942 kam noch eine Linie 97 von Steglitz nach Mariendorf hinzu. Das Bild zeigt zwei Wagen der Linie A 32 im Eröffnungsjahr 1935 am Breitenbachplatz.

*Linke Seite unten:*
Nochmals die Obuslinie A 32 im Jahre 1935 am Anfang ihres Weges vom Breitenbachplatz durch die südwestlichen Berliner Vororte nach dem Bahnhof Marienfelde. Nach Kriegsschäden war der Obus hier 1949 wieder betriebsbereit, wurde aber 1965 vom Dieselbus abgelöst.

Die berühmte »Benzolbahn«, die Kleinbahn von Spandau nach Hennigsdorf mit der Liniennummer 120, wurde von der Berliner Straßenbahn ab Januar 1923 im Auftrag der AEG betrieben, um vor allem deren Arbeiter rasch zu den Werkstätten und der Lokomotivfabrik im Osthavelland zu bringen. Bis zur Elektrifizierung im November 1929 waren anfangs zwei, später drei Benzoltriebwagen vorhanden. Wagen 3001 (anfangs als 6601 bezeichnet) war 1922 bei Linke-Hofmann, der AEG und der NAG gebaut worden. Die Aufnahme entstand 1929 am Bahnhof Spandau West.

Die Hoch- und Untergrundbahnen von Berlin erregen das Interesse jedes Verkehrsfreundes, mag er sonst auch noch so sehr auf Straßenbahnen schwören. Friedrich Grünwald hat 1929 einige der damals aktuellen Baustellen und Neubauten besucht, die das seit 1902 betriebene Verkehrsnetz erweitern sollten. Hier die Verlegung des Hochbahnhofs am Kottbusser Tor zum Umsteigebahnhof mit der »GN-Bahn« von Gesundbrunnen nach Neukölln; Blick in die Skalitzer Straße halblinks und die Reichenberger Straße halbrechts.

*Rechte Seite oben:*
Der schöne Bahnhof Nollendorfplatz der Berliner Hoch- und Untergrundbahn ist 1901 von Wilhelm Cremer und Richard Wolffenstein erbaut und 1926 von Alfred Grenander teilweise umgebaut worden, als die unterirdische »Verstärkungslinie« vom Gleisdreieck zum Wittenbergplatz angelegt worden ist. Der Blick durch die Bülowstraße an der Zietenstraße läßt beiderseits der Hochbahn auch Straßenbahngleise erkennen.

*Rechte Seite unten:*
Ein Neubau des Jahres 1929 war der Bahnhof Ruhleben nach Plänen von Alfred Grenander, neuer Endbahnhof der Kleinprofilstrecke vom Stadion und von der Bismarckstraße. In Ruhleben ging es mit den Straßenbahnlinien 54 und 154 weiter nach Spandau, Johannesstift und Hakenfelde. Vorn die Charlottenburger Chaussee.

Berliner Kindl
154
50

Alexanderplatz
Nürnberger Platz
Krumme Lanke
Bestellter Zug

*Linke Seite oben:*
Große Bedeutung für das Berliner U-Bahn-Netz hatte 1929 auch die Verlängerung der Zehlendorfer Strecke vom Thielplatz bis zur Krummen Lanke. Die Halle des Bahnhofs »Onkel Toms Hütte« hat ebenfalls Grenander entworfen; 1931 ist sie mit einer eingeschossigen Ladenstraße von Otto Rudolf Salvisberg umbaut worden.

*Rechte Seite oben:*
Endstation der Linienverlängerung im Südwesten war seit Ende 1929 der Bahnhof Krumme Lanke an der Kreuzung der heutigen Fischerhüttenstraße mit der Argentinischen Allee. Auch diesen Bahnhof hat der Hochbauchef der BVG, Alfred Grenander, entworfen. 1930 hatte die Berliner U-Bahn 781 Kleinprofilwagen im Einsatz.

Im Zusammenhang mit dem Neubau der Strecke nach Krumme Lanke hat die U-Bahn auch ein neues Gleichrichterwerk und eine neue Wagenhalle für vier ihrer Achtwagenzüge an der Zehlendorfer Altkanzlerstraße zwischen den Stationen Krumme Lanke und Onkel Toms Hütte errichtet, wiederum von Grenander geplant.

# *Kapitel 7: Straßenbahnen in Mitteldeutschland und Sachsen*

*Magdeburg – Staßfurt – Halberstadt – Dessau – Zerbst – Halle – Merseburg – Leipzig – Naumburg – Erfurt – Gotha – Eisenach – Mühlhausen – Nordhausen – Jena – Gera – Zwickau – Chemnitz – Plauen – Meißen – Dresden*

Die Größe des Magdeburger Straßenbahnbetriebs ergibt sich aus der Tatsache, daß 1944 dort 176 Triebwagen und 173 Beiwagen im Bestand waren. Der Triebwagen 167 stammt aus der dreißig Fahrzeuge umfassenden Serie 141 bis 170 von 1925/1926, denen bald darauf fünfzig gleichartige Wagen mit der auffälligen Fensterteilung folgten. Die Linie 5 kam vom Krankenhaus Sudenburg über Leipziger Straße und Hauptbahnhof und fuhr zum Schlachthof; das Bild zeigt die Bahnhofstraße an der Kantstraße.

Den ganzen Raum von Magdeburg, Staßfurt, Halberstadt und Dessau hat unser Fotograf Grünwald am 6. Mai 1937 mit dem Motorrad »abgeklappert« und dabei eine Reihe schöner Bilder eingefangen. Vor dem Hauptbahnhof von Magdeburg sind ein Zug der Vorortbahnlinie 14 nach Schönebeck an der Elbe und ein Zug der Stadtlinie 15 von der Friedrichstadt aufgefahren. Der Vorortwagen 7 gehört zur Serie 1 bis 13, die Werdau 1921 geliefert hat.

Im Vergleich zu Magdeburg war die südlich davon gelegene Straßenbahn von Staßfurt mit ihrer Meterspur und den fünfzehn Triebwagen nebst sechs Beiwagen von 1899 ein herzlich kleiner Betrieb. Das Material war gebraucht zusammengesucht, teilweise in Dinslaken abmontiert. Diese straßenbahnähnliche Überlandbahn, die seit 1906 auch Güterverkehr mit drei Elloks versah, bestand nur von 1900 bis 1957. Der Triebwagen 2 sollte die gesamte 10 km lange Strecke von Hecklingen über Staßfurt nach Löderburg befahren und wartet an der dörflich wirkenden Endstelle seine Wendezeit ab.

In Halberstadt besaß die meterspurige Straßenbahn 1933 einen Bestand von 22 Triebwagen und 12 Beiwagen. Vor dem Bahnhof standen am 6. Mai 1937 jeweils ein Wagen in Richtung Hohenzollernstraße (rechts) und Klusberge (links) an der kleinen Anlage bereit, während die Fahrer pausierten. Der Triebwagen 27 gehört zur von 1931 bis 1939 beschafften Serie 24 bis 32 aus Ammendorf mit elektrischer AEG-Ausrüstung.

Während der Triebwagen 3 im vorstehenden Bild schon über geschlossene Plattformen verfügte, gibt die am gleichen Tag geschossene Aufnahme des Triebwagens 8 in Halberstadt noch fast vollkommen den Lieferzustand von 1902/1904 wieder. Die Linienschilder »Fischmarkt« und »Klusberge« sind wohl für den Fotografen abgedreht worden.

In Dessau ist von 1894 bis 1901 eine Gasmotorstraßenbahn mit 20 Triebwagen gefahren, ehe der elektrische Betrieb aufgenommen wurde. Der Fahrzeugpark der Dessauer Straßenbahn war recht bunt gemischt; zu seiner Farbigkeit haben auch die modernen Triebwagen 26 bis 29 von 1928 aus der einheimischen Waggonfabrik Dessau mit elektrischer AEG-Ausrüstung beigetragen. Wichtigste Strecke der Bahn war die Vorortlinie über die Elbe bis zum Marktplatz von Roßlau. Aufnahme von 1937, als die Einzelfahrt 15 Pfennig kostete und sechs Fahrten für 80 Pfennig zu haben waren.

Regelrechte Berühmtheit hat die Pferdebahn von Zerbst in Anhalt erlangt, denn sie ist als letzte ihrer Art noch bis zum 31. Juli 1929 per »Hafermotor« betrieben worden; zwei Tage zuvor hat Friedrich Grünwald das mittelalterliche Residenzstädtchen mit seiner Kamera besucht. Zuletzt waren drei Personenwagen, ein Gepäckwagen und ein Spezialwagen in Meterspur vorhanden, um die sich vier Beschäftigte der Genossenschaft kümmerten. Rechts im Bild sieht bereits einer der fünf neuen Omnibusse hervor, hinter den Pferdebahnwagen erkennt man das Rathaus aus dem 15. Jahrhundert mit dem Roland.

Die Strecke der Zerbster Pferdebahn war 2 km lang und verband den Staatsbahnhof an der Strecke von Leipzig nach Magdeburg mit der historischen Altstadt. Ihr Fahrplan war eng auf die Zeiten der Eisenbahnzüge abgestimmt; Gepäckbeförderung für die Gäste des »Hotels zum goldenen Löwen« am Marktplatz spielte eine gewisse Rolle, so daß die Bahn eine entsprechende Reklame trug. In den letzten Betriebstagen tummelten sich viele Kinder um das betagte Bähnchen.

7
279

8
172
120
280

*Linke Seite oben:*
Die beiden Aufnahmen aus Halle an der Saale sind unmittelbar am Hauptbahnhof zu lokalisieren. Unter den hochliegenden Eisenbahngleisen hindurch rollten die meterspurigen Straßenbahnen bis vor die Tür des zwischen 1886 und 1890 in Insellage erbauten Empfangsgebäudes. Ein Zug der Linie 7 vom Zoo über Reileck, Markt und Riebeckplatz hat soeben seine Fahrgäste am Bahnhof abgeliefert.

*Linke Seite unten:*
In Halle an der Saale ist 1891 der erste größere deutsche Straßenbahnbetrieb auf elektrische Traktion umgestellt worden. Ausrüster dieser »Stadtbahn« mit 500 Volt Gleichstrom war die AEG; erst 1917 wurde sie mit der »Halleschen Straßenbahn« vereinigt. 1932 war das Streckennetz auf 40,1 km angewachsen. Das Bild zeigt abermals einen angekommenen Zug der Linie 7 am Hauptbahnhof, daneben links aber abfahrbereite Wagen auf Linie 8 nach Cröllwitz (Brandberge) und auf Linie 5 zur Oppiner Straße. Der Wagen 120 wurde 1921 von Wismar und BBC, der Wagen 172 im Jahre 1927 von Lindner im nahegelegenen Ammendorf und Siemens geliefert.

Im Süden von Halle operierte die »Merseburger Überlandbahnen AG« auf einem Meterspurnetz, das 1938 eine Streckenlänge von 42,7 km aufwies. 33 Triebwagen und 29 Beiwagen waren damals vorhanden. Die Bahn spielte auch im Arbeiterverkehr der Leuna- und Bunawerke eine große Rolle. Die abfahrbereiten Züge nach Ammendorf (Rathaus) und nach Merseburg stehen in Halle am Riebeckplatz, während die Fahrpersonale ein kleines Schwätzchen halten.

15
MERSEBURGER ÜBERLANDBAHNEN-A-G.

*Linke Seite oben:*
Ein Zug der Bad Dürrenberger Linie der Merseburger Überlandbahnen, aufgenommen 1937 auf eigenem Gleiskörper in der Gemeinde Leuna. Die Badische Anilin- und Sodafabrik, die 1917 das Ammoniakwerk Leuna gegründet hatte, war auch ein Aktionär der Bahngesellschaft. Ihr Netz reichte von Halle über Merseburg bis Bad Dürrenberg und Mücheln. Der Fotograf ist wohl mit dem Motorrad gekommen.

*Linke Seite unten:*
Alle vor 1940 gebauten Triebwagen der Merseburger Überlandbahnen waren mit Läutewerk und Dachscheinwerfern ausgerüstet. Die Waggonfabrik Lindner in Ammendorf, die ebenfalls Anschließer der Bahn war, hatte 1921 den Triebwagen 15 mit AEG-Ausrüstung geliefert.

Sogar zwei unterschiedliche Wagenklassen bot »die Merseburger« den Fahrgästen in einigen Wagen. Die Maximum-Triebwagen mit den Nummern 51 bis 62 waren 1902 von Lindner und AEG für die früher selbständige »Elektrische Straßenbahn Halle–Merseburg« gebaut worden, deren Betriebsführung aber seit 1919 bei den Merseburger Überlandbahnen lag.

In der Messestadt Leipzig fuhren die Straßenbahnen seit 1896 elektrisch auf der »krummen« Spurweite von 1458 mm; seit 1916 waren die Vorgängergesellschaften zur städtischen »Großen Leipziger Straßenbahn« vereinigt. Dieser Blick auf die sächsische Eingangshalle des neuen Hauptbahnhofs von 1915 zeigt zwei Straßenbahnzüge der Linien 8 (links) und 11 (rechts) an der Einmündung der Goethestraße. Während erstere einen Beiwagen mit offenen Plattformen mitführt, hat man der anderen einen modernen Mitteleinstiegswagen angehängt.

Der Riesenbetrieb der Großen Leipziger Straßenbahn hatte 1928 nicht weniger als sechstausend Beschäftigte, besaß 782 Triebwagen und die gleiche Zahl an Beiwagen. Noch tragen die Fahrzeuge den elfenbeinfarbenen Anstrich mit schwarzen Streifen, denn erst 1935 kam die rot-weiße Lackierung auf. Der 1926 gebaute zweiachsige Niederflur-Versuchstriebwagen 1601 ist auf der Linie 11 von Wahren nach Connewitz eingesetzt und hält vor dem Hauptbahnhof.

Die Triebwagenserie 1001 bis 1056 ist 1929 für Leipzig bei den drei Waggonfabriken in Niesky, Bautzen und Gotha hergestellt worden. Diese vierachsigen Wagen mit 36 Sitzplätzen verfügten über Niederflur-Mitteleinstiege und waren für die Außenstrecken mit Nebelhorn und Signalpfeife ausgerüstet. Die Linie 17 verband Schönefeld und Leutzsch miteinander.

Mehr als zwanzig Straßenbahnlinien rollten in Leipzig über fast 150 km Streckenlänge. Für die Abfertigung der zahlreichen Züge waren vor dem Hauptbahnhof entsprechende Gleisanlagen und sogar eine »Straßenbahn-Inspektion« vorhanden.

Hier sind der Triebwagen 897 aus dem Jahr 1900 auf der Einsatzlinie zum Krankenhaus St. Georg und der Triebwagen 1584 aus dem Jahr 1925 auf der Linie 9 von Stötteritz nach Gohlis am Hauptbahnhof zu sehen.

Am Augustusplatz in Leipzig mit seiner modernen Verkehrsampel begegnet uns auf der Linie 11 nochmals einer der beiden Niederflurwagen von 1926, nämlich das aus der Görlitzer Waggonfabrik stammende Fahrzeug 1601. Schon 1930 hat es die neue Nummer 1376 erhalten; die Aufnahmen sind wohl auf das Ende der zwanziger Jahre zu datieren. Der rote Ring um die Nummernscheibe bedeutete, daß dieser Zug den Hauptbahnhof berührte.

Normalerweise nahm die Straßenbahnlinie 19 vom Bayerischen Bahnhof in Leipzig, diesem heute noch erhaltenen Baudenkmal aus der Frühzeit der deutschen Eisenbahnen, ihren Weg zur Uhlandstraße im Stadtteil Lindenau, doch während der Technischen Messe wurde auch sie bis zum Ausstellungsgelände verlängert. Der Triebwagen 1148 gehört zur Wagenserie 1078 bis 1167, die zwischen 1900 und 1907 in Eigenbau entstanden und 1926 mit einem vergrößertem Fahrgestell versehen worden sind.

33
Hauptbahnhof
1532
32
H
Hauptbahnhof
1570

Bereits auf der vorangegangenen Doppelseite war der Wagen 1584 aus der großen, 200 Stück umfassenden Lieferung von den Waggonfabriken Werdau, Bautzen und Dessau mit den Nummern 1401 bis 1600 zu sehen, welche die Große Leipziger Straßenbahn im Jahre 1925 mit den dazu passenden Beiwagen 601 bis 800 zur Verjüngung ihres Bestandes beschafft hatte. Die beiden Triebwagen in diesem Bild waren am Messegelände auf den besonderen »Messelinien« 32 und 33 zum Hauptbahnhof eingesetzt. Von diesen »Pullman-Wagen« waren noch bis 1987 einige modernisierte Exemplare im Personenverkehr zu finden.

Die Stadt Naumburg hat unter Verkehrsfreunden schon früh durch die dort von 1892 bis 1906 betriebene Dampfstraßenbahn von sich reden gemacht. Der Volksmund hatte sie die »Wilde Zicke« getauft. 1907 nahm man den elektrischen Straßenbahnbetrieb vom Hauptbahnhof bis zum Salztor auf und baute die Strecke bis 1909 zu einer »Ringbahn« aus. Die Aufnahme zeigt links den Beiwagen 12 von Werdau, in der Mitte den Triebwagen 6 von Lindner, beide Baujahr 1906, rechts den Triebwagen 10 aus dem Jahr 1927.

Die »Ringbahn« von Naumburg rollte vom Hauptbahnhof, wo die beiden Bilder entstanden sind, über den Jägerplatz, Markt, Jakobsplatz, Wenzelstor, Salztor, Michaelistor und Moritzplatz zurück zum Bahnhof. Gesamtlänge war 5,3 km. Die Triebwagen 7 bis 9 von Werdau und Siemens kamen 1910 nach der Streckenverlängerung nach Naumburg und erhielten später verglaste Plattformen.

In Erfurt hat die Ära der meterspurigen elektrischen Straßenbahn schon 1894 begonnen, als die »Union Elektricitäts-Gesellschaft« hier bei der Umstellung einer Pferdebahn aktiv wurde. So blieben ihr die sehr scharfen Kurven erhalten. Eine imponierende »Kraftstation« in der Magdeburger Straße versorgte das Netz mit Strom und enthielt auch das »Alte Depot«. Mit 30 Motorwagen und 11 Anhängewagen aus Köln und Falkenried hatte man begonnen; 1935 waren 56 Triebwagen und 23 Beiwagen im Einsatz.

Auf vier bis fünf Linien verkehrten die weißlakkierten Straßenbahnwagen von Erfurt in den dreißiger Jahren. Am Anger, der breiten Hauptverkehrsstraße der Stadt, biegt eben ein Zug der Linie 1 aus Ilversgehofen nach der Hochheimer Straße in die Bahnhofstraße ein. Der Triebwagen 68 ist 1926 bei der Waggonfabrik Weimar mit AEG-Ausrüstung gebaut worden.

Die Erfurter Linie 5 verband die Steigerstraße (Flora) über Hauptbahnhof, Anger und Domplatz mit dem Hauptfriedhof der Stadt; bis 1935 hatte diesen Weg die Linie 2 genommen. Die Bahnhofstraße, in der diese Aufnahme entstanden ist, trug damals den Namen »Adolf-Hitler-Straße«, und auch die Hakenkreuzfahnen lassen uns an die damaligen politischen Verhältnisse denken. Triebwagen 84 gehörte zur 1936 in Gotha gebauten Reihe von 82 bis 87.

Ein bemerkenswert schönes Bild ist Grünwald in Erfurt mit dieser Aufnahme eines hölzernen Turmwagens gelungen, dessen frühere Vorderachse mit Deichsel von einem kleinen Elektrokarren ersetzt wird. Hier wird, von dem Knaben auf dem Bürgersteig andächtig bestaunt, wohl der Fahrdraht erneuert; der Querdraht hängt herab. Groß waren die Probleme der einzelnen StraßenbahnUnternehmen, ihre Wandhaken und Wandrosetten an den Häusern anzubringen.

In Gotha gilt es, die eng miteinander verbundene elektrische Straßenbahn und die »Thüringerwaldbahn« zu besuchen. Vor dem Hauptbahnhof der einstigen Residenzstadt waren geräumige Haltestellenanlagen angelegt, in denen links der Straßenbahnwagen 14 und rechts ein Waldbahnzug mit dem Überland-Triebwagen 50 und Beiwagen 81 zu erblicken sind. In der Stadt benutzte die Waldbahn die Straßenbahngleise mit.

Die meterspurigen Straßenbahn von Gotha ist 1894 eröffnet worden. Ihren Triebwagen 14 hat 1927 die einheimische Waggonfabrik Gotha mit AEG-Ausrüstung gebaut. Der gesamte Betrieb und die Stromversorgung von Straßenbahn und Waldbahn lagen in den Händen der »Thüringer-Elektrizitäts-Lieferungs-Gesellschaft« aus dem AEG-Konzern, deren Wappen der Wagen trägt. Er sollte vom Hauptbahnhof, wo Grünwald ihn aufgenommen hat, zur Ernststraße (heute: Dr.-Hans-Loch-Straße) fahren.

Die Pläne zu einer Überlandstraßenbahn in den Thüringerwald gehen bis auf das Jahr 1897 zurück, doch kam man nach einigen Bauarbeiten 1914/1915 erst 1929 zur Inbetriebnahme der 21,7 km langen Strecke vom Hauptbahnhof Gotha nach Friedrichsroda und Tabarz mit einer 2,4 km langen Zweigbahn nach Waltershausen. Von der Waggonfabrik Gotha bezog man 1929 die Triebwagen 50 bis 59, die Beiwagen 80 bis 86 und drei Gepäckwagen, denn Fremdenverkehr und Arbeiterverkehr waren für die Bahn gleichermaßen bedeutsam.

Auch Eisenach hat schon sehr früh mit dem elektrischen Straßenbahnbetrieb begonnen; von 1897 bis 1975 rollte in der Wartburgstadt eine meterspurige Bahn durch die engen Straßen. 1929 waren auf drei Linien 18 Triebwagen und sechs Beiwagen im Einsatz. Hier sind der Triebwagen 15 nach Marienthal (rechts) und die beiden Triebwagen 21 und 22 (im Hintergrund) auf dem Karlsplatz zu sehen.

Szene am Bahnhof von Eisenach mit dem Triebwagen 20 aus der Serie von 19 bis 24, die 1929 in Gotha entstanden ist, und dem schönen Sommerbeiwagen 8 aus dem Baujahr 1897. Dieser in Falkenried gebaute Wagen mit 28 Sitzplätzen wurde 1939 ausgemustert; die beiden Bilder dürften 1938 auf die Platte gebannt worden sein. Ziel des Zuges ist die Station »Phantasie« im Marienthal.

In Mühlhausen in Thüringen wurde 1898 eine Schuckert-Straßenbahn eröffnet. Neben einer Stadtringlinie war besonders die Strecke zum Gasthof »Weißes Haus« von Bedeutung, vor dem der Triebwagen 50 soeben die Wendeschleife befahren hat. Der Wagen ist 1911 von der MAN und Siemens erbaut worden, hat erst 1941 statt der Stange einen Scherenstromabnehmer erhalten und ist bis zum Ende des Mühlhauser Straßenbahnbetriebs 1969 im Einsatz gewesen.

Drei Bilder aus dem malerischen Harzstädtchen Nordhausen stellen uns den Straßenbahnbetrieb dort am Ende der dreißiger Jahre vor. Mit den 1934 von Wismar und Siemens gebauten weiß-gelben Triebwagen 21 bis 28 hatte man in einem Modernisierungsprogramm gerade alle Wagen der Erstausstattung von 1900 ersetzt. Die »rote Linie« mit dem Triebwagen 22 fuhr vom Bahnhof zum Pfingstweg.

Nochmals der Triebwagen 22. Beiwagen sind in Nordhausen wegen einer starken Steigung auf der Hauptlinie nicht eingesetzt worden. Neben der »roten« hat noch eine »grüne Linie« zwischen Bahnhof und Altentor bestanden; insgesamt waren die Strecken 4,3 km lang. Im April 1945 ist die Nordhauser Altstadt bei einem Luftangriff fast vollkommen zerstört worden.

An den Bahnhöfen der Staatsbahn und der Harzquerbahn in Nordhausen begannen die beiden meterspurigen Straßenbahnlinien der Stadt. Der Triebwagen 21 befährt die »rote Linie« zur Altstadt und nach dem Pfingstweg. Hinter dem Fenster ist ein Schaffner zu erkennen, denn Nordhausen hatte mit dem Einsatz der neuen Wagen 1934 das bis dahin übliche Zahlkastensystem abgeschafft.

Von dem meterspurigen Straßenbahnbetrieb in Jena mit seinen 1938 vorhandenen 22 Triebwagen und 32 Beiwagen kündet diese Aufnahme. Sie zeigt den 1929 von Gotha und Siemens gebauten Triebwagen 29 aus der zehn Wagen umfassenden Nummernserie 23 bis 32, eingesetzt auf der Linie 1 von Lobeda über den Jenaer Holzmarkt nach Zwätzen, aufgenommen in Löbstedt.

In Gera, wo die elektrische Straßenbahn seit 1892 verkehrte, wurden ab 1925 über ein Dutzend neue Triebwagen von der MAN mit Siemens-Ausrüstung in Dienst gestellt; der Triebwagen 10 kam 1928 herbei. Er ist auf der »grünen Linie« von Tinz über Leipziger Straße, Johannesplatz, Roßplatz nach Debschwitz unterwegs.

Schon im Krieg ist diese Aufnahme am Poetenweg in Zwickau entstanden, wie die abgeblendeten Scheinwerfer der beiden Fahrzeuge und die vielen Soldaten auf der Straße erkennen lassen. Der Triebwagen 77 auf der Linie 4 von Pölbitz zum Krankenhaus in Marienthal ist von der Zwickauer Fahrzeugfabrik mit Sachsenwerk-Elektrik 1926 geliefert worden. Seit Dezember 1938 verfügte Zwickau auch über zwei Obusse, die von Weißenborn nach Lichtentanne und Stenn liefen. Diese Oberleitungsbusse hatten nur eine Stange auf dem Dach.

Die Straßenbahn in Chemnitz, dem heutigen Karl-Marx-Stadt, hat lange Zeit unter ihrer sehr ungebräuchlichen Spurweite von 925 mm (ursprünglich 915 mm) gelitten, die sie von der dort seit 1880 tätigen englischen Pferdebahn übernommen hatte. Bis 1927 waren die Linien noch mit Buchstaben bezeichnet, und die Linie K fuhr von der Weststraße über Theaterstraße und Johannisplatz zum Hauptbahnhof. Der Triebwagen 29 wurde 1925 von Weyer in Düsseldorf und der AEG gebaut.

Der elektrische Betrieb in Chemnitz begann 1894. In der Mitte der zwanziger Jahre hat man den Wagenpark der Straßenbahn durch eine große Zahl neuer Wagen, meist von der Waggonfabrik Busch in Bautzen mit AEG-Ausrüstung, grundlegend modernisiert. 1927 wurden Liniennummern eingeführt. Hier begegnen sich die Züge der Linie 5 nach Altchemnitz (links) und der Linie 8 nach Hilbersdorf (rechts) an der imposanten Verkehrsampel in der Poststraße.

Der Chemnitzer Triebwagen 237 gehörte zur Serie von 218 bis 239, welche Busch und die AEG in den Jahren 1928/1929 geliefert haben. Um 1930 besaß dieser Straßenbahnbetrieb 225 Triebwagen und 227 Beiwagen. Die Linie 1 kam von der Zeisigwaldstraße im Osten der Stadt und fuhr nach Reichenbrand und Siegmar. Der Zug rollt während Straßenbauarbeiten über eine Behelfsbrücke; auch auf dieser Kreuzung durfte ein Verkehrsturm nicht fehlen. 1960 begann in der Stadt die Umstellung auf Regelspur, 1988 endete der Schmalspurbetrieb.

In Plauen, der Hauptstadt des Vogtlandes, gibt es eine meterspurige elektrische Straßenbahn seit 1894. Durch die Lage der Stadt in einem Tal hatte die Straßenbahn einige Steigungen zu nehmen, und auch die Staatsbahn besaß hier an ihren zwei Strecken einen »oberen« und einen »unteren« Bahnhof. Die »blaue Linie« (heute Linie 2) der Straßenbahn, deren Wagen links im Bild zu sehen ist, verband die beiden Bahnstationen miteinander, während die »gelbe Linie« rechts zwischen Neundorf und Haselbrunn verkehrte. Aufnahme von der Syrabrücke am Tunnel mit Blick auf den heutigen Grotewohlplatz.

EINKEHR-U.
56

Die steilen Straßenbahnstrecken in Plauen waren zumeist zweigleisig ausgebaut und wurden in dichter Folge von Triebwagen ohne Anhänger befahren. 1939 waren 42 Triebwagen vorhanden, von denen die Nummer 36 auf der »blauen Linie« ihre Endhaltestelle am oberen Bahnhof erreicht hat. Das Fahrzeug ist 1911 von MAN und SSW erbaut worden und hat noch bis 1967 Dienst gemacht.

Den Baustil des Jahres 1928 verkörpern die Wagen 50 bis 56 in Plauen, zugleich sind es die letzten Vorkriegsbeschaffungen gewesen. Lieferanten waren wieder MAN und Siemens. Im April 1939 wurden in Plauen auch Liniennummern eingeführt, die Bilder dürften 1938 eingefangen worden sein. Der Wagen 55 hat im Krieg, der die Stadt stark zerstörte, einen Totalschaden erlitten. Auch diese Aufnahme zeigt den Platz am Tunnel.

Die einzige Straßenbahnlinie der Stadt Meißen wurde schon am 1. März 1936 für den Personenverkehr eingestellt, so daß dort bis Ende 1967 nur noch eine Güterstraßenbahn in das Triebischtal betrieben wurde. Friedrich Grünwald hat die malerische Porzellanstadt kurz vor dem Ende der Einsatzzeit des meterspurigen Triebwagens 1 aufgesucht, den Lindner in Ammendorf mit elektrischer Ausrüstung von Union 1899 geliefert hatte. Er rollte auf Linie 1 von der Ausflugsstätte Buschbad über die Jacobistraße zur Porzellanmanufaktur und den Heinrichplatz zum Bahnhof von Meißen.

Einblicke in das schöne Dresden und seine Straßenbahnen vor der Zerstörung der Stadt im Frühjahr 1945 sollen die folgenden Aufnahme geben. Hier waren die beiden wichtigsten Gesellschaften, die »rote« und die »gelbe«, im Jahre 1905 von der Stadt übernommen und weiter ausgebaut worden, außerdem bestanden einige Überland- und Vorortbahnen. Das erste Bild zeigt einen der 33 typischen »Großen Hechtwagen« auf dem Neustädter Markt vor dem Neustädtischen Rathaus mit Blick in die Hauptstraße.

Alle Bilder aus Dresden sind um 1934 aufgenommen worden. Die dortigen Straßenbahnen rollen auf der eigentümlichen Spurweite von 1450 mm, während die anschließenden Vorortbahnen teilweise in Meterspur erbaut worden sind. Auch dieser Zug der Linie 11 von Bühlau zur Nürnberger Straße passiert den Neustädter Markt mit seinem emaillierten Haltestellenzeichen. Die »Hechte« von Dresden waren als erste deutsche Drehgestell-Großraumwagen ab 1931 beschafft worden.

Mit Gelenkstraßenbahnwagen wurde in Dresden tüchtig experimentiert. Außer einem dreiteiligen Fahrzeug mit schwebendem Mittelteil (wie in Berlin und Leipzig) rollte in der Elbstadt seit 1928 der Gelenkzug 2501 von der Görlitzer Waggonfabrik. Bei diesem war das Mittelteil fast als normaler Zweiachser ausgeführt, worauf sich die beiden einachsigen Endwagen abstützten. Die kantige Kastenform und die großen Schiebetüren waren hochmodern. Sein Einsatz ist hier auf der 30 km langen Linie 15 von Weinböhla nach Niedersedlitz dokumentiert.

Als 1930 die Städtische Straßenbahn Dresden in eine Aktiengesellschaft umgewandelt wurde, hat sie den neuen Cremeton der Lackierung statt des bisherigen gelb-weißen Anstrichs eingeführt, den der Beiwagen noch zeigt. Abermals die Linie 11 am Neustädter Rathaus.

Seit 1925 hat die Straßenbahn in Dresden einen Kraftwagenbetrieb geführt, dessen Hauptkreuzungspunkt der Wiener Platz am Hauptbahnhof war. Dort stehen in der Abendsonne die Omnibusse nach Grossenhain, Possendorf, Lommatzsch, Teplitz, Gottleuba und Bischofswerda.

Szene am Altmarkt von Dresden mit Blick in die König-Johann-Straße und auf einen den Verkehr regelnden Polizisten. Auf der Linie 22 von Laubegast nach Coßmannsdorf läuft ein typischer Dreiwagenzug mit dem Triebwagen 1697 von 1926, gebaut von Christoph & Unmack in Niesky.

Der Verkehrsturm am Wiener Platz, das Vorfeld des Dresdener Hauptbahnhofs mit seinen Reklamen, zwei offene Rundfahrtwagen und ein markanter städtischer Dreiachs-Kraftomnibus verkörpern gut den ersten Eindruck, den 1934 der Besucher von »Elbflorenz« bekam.

Zur Erschließung der Villenkolonie am Gasthaus »Weißer Hirsch« oberhalb von Dresden wurde 1895 eine Standseilbahn gebaut und 1901 auf der anderen Loschwitzbachseite diese 254 m lange Schwebeseilbahn nach den Projekten von Eugen Langen aus Köln-Deutz eröffnet. Die vier Hängebahnwagen und die Stahlgerüste lieferte die MAN. 1912 hat die Städtische Straßenbahn Dresden beide Seilbahnen übernommen und sie bis zum heutigen Tag in Betrieb gehalten. Die Aufnahme zeigt den Veilchenweg nahe der Talstation.

# *Kapitel 8:*
# *Straßenbahnen im alten deutschen Osten*

*Beuthen – Breslau – Stettin – Danzig – Königsberg*

Die »Verkehrsbetriebe Oberschlesien« betrieben im Raum von Gleiwitz, Hindenburg und Beuthen ein Straßenbahnnetz mit Regelspur und mit der oberschlesischen Spurweite 785 mm. Die 1922 vollzogene Abtretung von Strecken nach Königshütte und Kattowitz an Polen wurde im Krieg 1939 wieder rückgängig gemacht. Damals fuhr die Linie 6 vom »Braunauer Platz« in Beuthen, wo das Bild 1940 entstand, über die Grenze bis nach Kattowitz zum Wilhelmsplatz. Man ist eben im Begriff, die Strecke auf Normalspur umzubauen, und auch der »Lauchhammerwagen« 48 von 1926 wurde bald umgespurt und zur Nummer 148 umgezeichnet.

Die vierachsigen Mitteleinstiegswagen 101 bis 110 der Verkehrbetriebe Oberschlesien mit ihren typischen zwei Stromabnehmern wurden 1931 von Linke-Hofmann-Lauchhammer für die Strecke von Beuthen nach Hindenburg gebaut, die schon damals auf Normalspur umgestellt worden war. Als »Eilzug« mit rotem Richtungsschild fuhren sie bald mit wenigen Halten auch bis zur Altstadt von Gleiwitz durch. Aufnahme in Beuthen.

Leider ist von den Verkehrsbetrieben in Breslau nur eine einzige Aufnahme Grünwalds erhalten. Das ist weit weniger, als diesem bedeutenden Verkehrsbetrieb der schlesischen Großstadt mit den 1938 vorhandenen 315 Triebwagen und 497 Beiwagen auf 22 Linien entsprechen würde. Der Fahrzeugpark wurde bestimmt durch die »Einheitsserie« der Wagen 1001 bis 1232, die von den Waggonfabriken Linke-Hofmann und Trelenberg zwischen 1925 und 1929 gebaut worden ist.

Die Stadtwerke von Stettin haben 1938 ihren Betrieb mit 120 Triebwagen und 140 Beiwagen bestritten. Dort fuhr man seit 1897 elektrisch und hatte selbst in den dreißiger Jahren noch Wagen mit offenen Plattformen im Einsatz. Die Linie 2 rollte westlich der Stettiner Altstadt vom Berliner Tor, wo die Aufnahme entstand, bis zum Hauptfriedhof und nach Wendorf.

Stettin verfügte 1936 über sieben Straßenbahnlinien. Die Linie1 befuhr die Strecke vom Flugplatz im Südosten über den Freihafen, die Große Lastadie, die Altstadt, das Berliner Tor und die Falkenwalder Straße bis zur Rennbahn in der Vorstadt Neuwestend. Triebwagen 175 und Beiwagen 500 waren moderne Mitteleinstiegs-Fahrzeuge in Niederflurbauweise.

Danzig war aufgrund des Versailler Vertrages eine »Freie Stadt« geworden. Am 21. März 1939 forderte das Deutsche Reich von Polen die Rückkehr Danzigs und spitzte damit die Lage in der Stadt zu. In dieser Zeit sind auch die Aufnahmen dieser Doppelseite gemacht worden. Die »Danziger Elektrische Straßenbahn AG« zeigt uns hier ihren großfenstrigen Maximum-Triebwagen 155 auf der Linie 2 nach Langfuhr und Oliva.

Im Jahre 1939 setzte die Straßenbahn von Danzig 104 Triebwagen und 99 Beiwagen ein. Vor dem »Grand Hotel Eden«, dem früheren »Norddeutschen Hof« am Stadtgraben gegenüber dem Hauptbahnhof, ist der Mitteleinstiegs-Triebwagen 241 auf der Linie 1 fotografiert worden. Viele neuere Straßenbahn-Fahrzeuge kamen aus der einheimischen Waggonfabrik Danzig.

Nochmals der Stadtgraben in Danzig mit einem aus Oliva und Langfuhr herangekommenen Zug der Linie 2, vorn der Mitteleinstiegs-Triebwagen 306, dahinter ein Niederflur-Beiwagen. Er hat es nicht mehr weit bis zu seiner Endstation am Theaterplatz. Sogar unser Fotograf Grünwald ist mit seinem Schatten auf diesem Bild verewigt.

Drei schöne Bilder von Fahrzeugen der »Königsberger Werke und Straßenbahn GmbH«, kurz KWS genannt, beenden unseren Streifzug durch die ehemaligen deutschen Ostgebiete. 1938 liefen in der Stadt 15 Straßenbahnlinien. Bestimmend für den dortigen Meterspur-Wagenpark war das Neubauprogramm von 115 Triebwagen und 80 Beiwagen bei der örtlichen Waggonfabrik Steinfurt zwischen 1924 und 1933 gewesen. Der Triebwagen 155 gehörte zur kurzen siebenfenstrigen Bauart; das Foto zeigt den Kaiser-Wilhelm-Platz am Schloß mit Blick aus der Kneiphöfischen Langgasse.

Alle Königsberger Straßenbahnwagen waren mit einer gebrochen weißen Farbe mit grünen Absetzstreifen lackiert. Wegen der um das Dach laufenden Holzblende nannte man sie spöttisch auch »Brikettwagen«, die eigenartigen Lyrabügel mit ihren Querstangen gar »Teppichklopfer«. Der Wagen 121 auf der Linie 3 vom Hauptbahnhof nach Hammer ist ein längerer neunfenstriger Steinfurt-Wagen; er rollt auf den Kaiser-Wilhelm-Platz. Rechts Wagen 55 auf Linie 2; am Eckhaus links ist wieder der »Erker« für den Verkehrspolizisten zu erkennen.

Eine »Parade« abfahrbereiter Züge vor dem neuen Königsberger Hauptbahnhof mit Wagen der Linie 4 nach Ratshof, Linie 3 nach Hammer, Linie 2 nach Devau zum Flughafen und der Stadtring-Linie 1 nach Tragheim. Es sind (von links nach rechts) die Wagen 8, 82, 48 und 143. Nur der Wagen 82 hat schon einen Scherenstromabnehmer, dagegen war die Scharfenberg-Kupplung der Fabrik Steinfurt eingeführt. Alle Aufnahmen dieser Doppelseite dürften 1935 fotografiert worden sein.

# *Zum Schluß: Das war die Zeit der alten Trambahn...*

Die »Zeit der alten Trambahn« war auch die Zeit der vielen Menschen, die für ihre Straßenbahn gearbeitet haben. Stolz und Eifer, Mühe und Müdigkeit stehen auf vielen Gesichtern geschrieben, die auf den Bildern in diesem Buch zu betrachten waren. Nicht nur Fahrer und Schaffner zählten dazu. Hier ist ein namenloser Straßenbahner von Bremen an seiner Auskunftsbude für die Reisenden zu sehen.

Ganz vergessen sind die Männer, die mit dem Gleisbau und mit der Reparatur der Oberleitung bei den Straßenbahnbetrieben betraut waren. Schwere körperliche Arbeit mit den Schienen und Steinen, mit Masten und Kabelrollen war ihr tägliches (und nächtliches) Brot, damit anderntags die Fahrgäste möglichst rasch an ihre Ziele gelangen konnten. Aufnahme von der Umgestaltung der Gleisanlagen am Hauptbahnhof von Hannover.

Der Einsatz von luftigen »Sommerwagen« und die Entgleisung von Fahrzeugen bei Schnee und Eis auf den Überlandstrecken führen dem Betrachter vor Augen, daß der Straßenbahnbetrieb im Jahreslauf nicht ohne Strapazen für das Personal vonstatten ging. Der notwendige Schichtdienst, die unbeliebten Kontrollen der Arbeit durch die Direktion und die politische Gängelei in der Nazizeit zählten zu den negativen Seiten im Straßenbahnerleben. Das Bild zeigt die Räumung einer zugefrorenen Weiche in Benthe bei Hannover 1937 während eines Schneesturms.

Die »Zeit der alten Trambahn« war auch die Zeit der Menschenmassen im Schienenverkehr. Noch besaßen wenige Familien in Deutschland ein eigenes Auto, und so waren dichte Straßenbahnnetze eine wichtige Voraussetzung für die Beförderung der Arbeiterheere, für den Ausflug ins Grüne, für die Teilnahme an den zahlreichen Aufmärschen der Epoche vor dem Krieg. Manchmal blieb da selbst die Straßenbahn im Gewühl stecken, wie dieses in der Nähe des Leipziger Zoos bei einem Umzug der Reichswehr 1932 aufgenommene Bild zeigt.

*Rechte Seite oben:*
Auch die Erholung und Belustigung der Menschen fand vor fünfzig oder sechzig Jahren zumeist im Kollektiv der Straßenbahnbenutzer statt, noch ganz ohne Auto und ohne Kofferradio. Das Schlangestehen für die Fahrt zur »Zeppelinlandung« in den Außenbezirken von Darmstadt und für den Heimweg nach der Stadt gehörten zu jedem Erlebnis dieser Art dazu. Aufnahme um 1930 nahe Eberstadt.

Massenverkehr war aber auch der Transport von Knaben der Hitlerjugend und von verwundeten Soldaten, wie sie die Bilder Friedrich Grünwalds aus seiner Zeit als Betriebsleiter in Offenbach am Main ab 1940 zeigen. Sonderwagen wurden auf Bestellung gern eingesetzt, und gerade die Beweglichkeit des Straßenbahnfahrplans ermöglichte es ohne weiteres, die Linien bei Bedarf nach anderen Zielen als üblich umzulegen. Aufnahme mit Frankfurter Wagen am Offenbacher Depot.

Die »Zeit der alten Trambahn« ist vorüber und vergangen. Viele Gründe für ihr Ende sind da zu nennen, von der allgemeinen Motorisierung hin bis zu den Auswirkungen des Zweiten Weltkrieges. Die einzelnen Straßenbahnbetriebe haben selbst, durch den Kostendruck gezwungen, schon früh ihre unrentablen Linien auf Omnibusbetrieb umgestellt. Dieser Blick in das Wiesbadener Busdepot erinnert an den Beginn der dreißiger Jahre, als der »Trollibus« und der »Kraftomnibus« salonfähig wurden.

Die Zerstörung vieler Städte im Krieg, die Dezimierung der Wagenbestände bei den Straßenbahnen und der verbreitete Wunsch, nun alles anders zu machen als zuvor, gaben ab 1945 vielerorts den Ausschlag für die Entscheidung, den Wiederaufbau ohne das »veraltete« Vehikel der Straßenbahn zu unternehmen. So wie hier am Wagenschuppen von Hanau 1948 sah es damals überall in Deutschland aus. Die letzten beiden Fotografien in diesem Buch hat Maximilian Krafft aufgenommen.

Am Ende dieser Bildfolge steht der »Kriegsstraßenbahnwagen«, jenes Hilfsmittel aus der Heidelberger Waggonfabrik Fuchs, mit dem man noch im Krieg und besonders in den ersten Jahren danach versuchte, die großen Lücken in den Fahrzeugbeständen der Straßenbahnen zu stopfen. Die Aufnahme des Triebwagens 62 ist am 14. März 1953 vor dem alten Heidelberger Hauptbahnhof entstanden, der ebenfalls längst der Vergangenheit angehört.

# Ortsregister

# *Inhaltsverzeichnis*

# Eisenbahn-Bestseller

Alfred B. Gottwaldt
**Reichsbahn-Album**
Der große Bilderbogen über die Reichsbahn in Vorkriegszeiten: Mit Personal, Lokomotiven und Wagen – in Bahnhöfen und auf freier Strecke, dazu die Reisenden, das Leben auf den Bahnsteigen und in den Zugabteilen ... ein Bestseller unter den Eisenbahn-Dokumentationen.
426 Seiten, 500 Abb, Großformat, geb.,
**69,–** Bestell-Nr. 10447

Alfred B. Gottwaldt
**Bundesbahn-Album 1945–1960**
Die Hamsterjahre, der Wiederaufbau, das Wirtschaftswunder – die Geschichte der jungen Republik spiegelt sich in diesen 500 Eisenbahnbildern wider. Der aufwendig und großzügig gestaltete Bildband überzeugt nicht nur Eisenbahn-Freunde.
376 Seiten, 500 Abb., Großformat, geb.,
**69,–** Bestell-Nr. 10776

Alfred B. Gottwaldt
**Das große Berliner Eisenbahn-Album**
Dieses faszinierende Buch läßt vergangene Zeiten noch einmal lebendig werden. Über 500, zum Teil noch nie gezeigte Fotos von Menschen und Bahnhöfen, Lokomotiven und Waggons illustrieren die einmalige Eisenbahngeschichte Berlins.
376 Seiten, 500 Abbildungen, davon 25 in Farbe, Großformat, gebunden,
**79,–** Bestell-Nr. 01179

Alfred B. Gottwaldt
**Heeres-Feldbahnen**
Ein bisher unerforschtes Kapitel der deutschen Eisenbahn-Geschichte: Entwicklung und Einsatz spezieller Schmalspurbahnen während beider Weltkriege. Der Autor rekonstruierte anhand vieler Dokumente Loks, Wagen und Streckenpläne.
416 Seiten, 515 Abb., Großformat, geb.,
**68,–** Bestell-Nr. 01080

Patrick B. Whitehouse
**Klassische Dampflokomotiven**
Einer der renommiertesten Eisenbahn-Fotografen beschreibt die Eisenbahn-Entwicklung in aller Welt, begleitet von seltenen und schönen Motiven aus seinem reichhaltigen Archiv.
192 Seiten, 260 Abb., teils doppelseitige Farbfotos, Großformat, gebunden,
**49,–** Bestell-Nr. 01400

Gottwaldt / Bündgen
**Der Rheingold-Express**
Der »Rheingold« – seine Maffei-Dampflokomotiven, seine violett-cremefarbigen Pullman-Wagen und ein Mitropa-Service ohnegleichen. In diesem exklusiv aufgemachten Bildband nimmt der legendäre Zug der 20er und 30er Jahre wieder Fahrt auf. Über 200 Fotos lassen die Atmosphäre dieses großen Luxuszuges für alle Eisenbahn-Freunde noch einmal spürbar werden.
224 Seiten, 254 Abb., Großformat, geb., als Sonderausgabe
**nur 28,–** Bestell-Nr. 01128

**Der Verlag für Eisenbahn-Bücher**
Postfach 103743 · 7000 Stuttgart 10

Motor buch Verlag

Änderungen vorbehalten